U0003643

YOUNG HOUSE LOVE

小家
大格局！

樂活空間魔法術

243個設計、
裝潢、收納、
改造愛窩的完美提案。

Sherry & John Petersik

雪莉&約翰・彼得席克 著　謝雯伃 譯

小家大格局！樂活空間魔法術：
243個設計、裝潢、收納、改造愛窩的完美提案

作　　者	雪莉&約翰・彼得席克（Sherry & John Petersik）
譯　　者	謝雯仔
主　　編	曹　慧
封面設計	三人制創
內頁設計	比比司設計工作室
行銷企畫	蔡緯蓉
社　　長	郭重興
發行人兼 出版總監	曾大福
總 編 輯	曹　慧
編輯出版	奇光出版
	E-mail: lumieres@bookrep.com.tw
	部落格：http://lumieresino.pixnet.net/blog
	粉絲團：https://www.facebook.com/lumierespublishing
發　　行	遠足文化事業股份有限公司
	http://www.bookrep.com.tw
	23141新北市新店區民權路108-4號8樓
	電話：（02）22181417
	客服專線：0800-221029　傳真：（02）86671065
	郵撥帳號：19504465　戶名：遠足文化事業股份有限公司
法律顧問	華洋法律事務所　蘇文生律師
印　　製	凱林彩印股份有限公司
初版一刷	2014年9月
定　　價	450元

線上讀者回函

YOUNG HOUSE LOVE: 243 WAYS TO PAINT, CRAFT,
UPDATE & SHOW YOUR HOME SOME LOVE by
SHERRY PETERSIK AND JOHN PETERSIK
Copyright © 2012 by Sherry petersik and John Petersik,
2012 Photograph by Kip Dawkins, 2012 Illustrations by
Emma Kelly
This edition arranged with Zachary Shuster Harmsworth
Literary Agency
through Big Apple Agency, Inc., Labuan, Malaysia.
Traditional Chinese edition copyright © 2014 Lumières
Publishing, a division of Walkers Cultural Enterprises, Ltd.
All rights reserved.

國家圖書館出版品預行編目（CIP）資料

小家大格局！樂活空間魔法術：243個設計、裝潢、
收納、改造愛窩的完美提案 / 雪莉&彼得席克（Sherry
Petersik），約翰.彼得席克（John Petersik）著；謝雯仔譯.
-- 初版. -- 新北市：奇光出版：遠足文化發行, 2014.09
　　面；　公分

譯自：Young house love : 243 ways to paint, craft, update,
& show your home some love

ISBN 978-986-89809-9-0（平裝）

1.家庭佈置 2.室內設計 3.空間設計

422.5　　　　　　　　　　　　　　　　　103013871

Contents

獻給克拉拉（Clara）和漢堡（Burger）
有了你們，我們這個家才算完整。

自序

嗨！我們是雪莉和約翰・彼得席克（想像一下，我們正帶著誠懇微笑，向你揮帽致意）。很高興在這看到你。首先，謝謝你選了我們的書。再來，我們覺得你真棒。你今天的髮型真好看。好啦，奉承話說夠了。你一定很納悶我們到底是誰，我們是不是擁有嚇死人的學歷，或是好幾十年的專業訓練，才會在這裡大談房屋整修和裝潢。答案是，不，沒有，怎麼可能。請想像一下在設計學位／正式訓練欄上畫一個零鴨蛋。

嗯，2006年，當我們開始裝潢第一棟房子時，還是25歲的天真青年，夢想著把維吉尼亞州里奇蒙市（Richmond）的1,300平方英尺大可愛磚造農舍，改造成一個我們喜愛的住家。一開始，我們的目標只想讓這棟房子不要掛著過時窗簾，整個都是沉重紅磚，看起來像陰暗鬼屋；但後來，我們覺得自己可以做得更好，便把目標變成進行整間房子的大改造，希望成果能讓我們感到驕傲。

我們想要個性化的裝潢，讓自己愛上這個家，但市面上找不到一本書能夠給我們建議，滿足我們渴求創意的想法。那些裝潢書大多太過花俏，對我們這種小氣鬼來說太過高級（沒錯，我們很開心承認自己很小氣），要不就是充滿箱式褶襇和繡布專家的各種資訊（到底什麼是箱式褶襇）。我們只想要一本可激發想像力，鼓勵我們去實施可行計畫的書，一本使用簡單語言，不帶恐嚇的書。是的，我們的銀行帳戶可不像唐納家族（The Donald's）一樣雄厚。

我們第一棟房子的起居室，
改造前與改造後。

廚房，
改造前和改造後。

客廳，
改造前和改造後。

　　所以材料唾手可得、容易實行，又符合預算的創意，最貼近我們的需求。但是，我們找了許多居家裝潢書，最後體認到，改造房子會是我們人生中最浩大也最昂貴的計畫。看看我們嚇到冒汗的雙手。我們想要能夠負擔得起的創意，但又不想屈就於看起來簡陋、出自業餘者之手的住家。很容易理解吧？簡單講，我們想要便宜，但又不想要看起來是便宜貨。你也可以說，我們的要求是平價奢華。

　　很不幸地，我們空手離開書店。所以我們決定不顧一切，直接開始。我們在實作的過程中不斷學習，一路修正。一次只處理一個小型計畫，這樣手頭不致拮据，一下子負擔過重。於是，我們把大型計畫分成一小個一小個計畫。漸漸地，我們在過程中建立起信心，也培養出專門技術。（現在你可以想像背景出現電影《洛基》的配樂。）我們可以驕傲地說，過去五年來，我們不但徹底改造第一棟房子，還在愛家後院舉辦了一場完全由我們自己DIY的婚禮。

　　2010年，我們從原本的三口之家（沒錯，我們把漢堡，這隻九磅重的吉娃娃也當成家中一員），變成四口之家，迎接可愛小女孩克拉拉的到來。

　　在我們最完美的DIY作品（就是我們的女兒）呱呱落地後，便把整個翻修過一遍的第一棟房子賣掉，搬進另一棟需要大興土木的屋子。把第一個愛家留給別人，很是傷心，但同樣也令人感到興奮。

　　為什麼呢？因為我們實在不忍讓手閒著沒事幹。能夠再次開始一整個改造計畫，將仍保留一點舊日榮光的屋子改造成我們心愛的寶貝，一想到這個瘋狂又有趣的旅程，我們就興奮地發抖。這一次，我們揮汗時，身邊則有愛犬和小女兒作伴。

　　如果你認得我們古里古怪的鬼臉，可能對我們的部落格Young House Love（younghouselove.com）很熟悉。2007年，為了和親友分享我們的居家改造冒險，我們開始線上記錄這些DIY日記。我們對部落格程式語言以及網站維護一竅不通，就像我們一開始也不懂整修裝潢一樣。然而，我們的部落格發展成忙碌的小型網站，現在竟成為

我倆的全職工作。也就是說，我們將所有進行過的房子相關計畫（考驗、苦難、失敗和勝利）全都寫成部落格，向全世界分享，這有點像是我們的工作。因為這就是我們的工作。發現我們有定期訂閱的讀者時，我們比誰都驚訝。那不是我們的爸媽，而是不認識的人。一個月甚至有近500萬的點閱紀錄。這簡直瘋了。所以，對每一個停下來、點進去看我們到底在幹什麼的人，我們要在這裡給你一個大大的濕吻。真是愛死你們了。真的。

當寫這本書的機會出現時，我們馬上就知道自己想做什麼。唔，也不是馬上啦。我們先是像青少年一樣，捏捏彼此，興奮地尖叫了快48小時。然後不可置信，呆若木雞，還考慮要拒絕，以免可能因此感到丟臉。但沉靜思考一週後，我們釐清思緒，重新開始像正常人一樣反應。（好吧，認識我們的人聽到我們說自己正常，應該都會哈哈大笑。）無論如何，重點是，我們最後還是開始認真思考這次終於可以寫一本我們一直想要買的書。老實說，這讓我們興奮不已。

要為那些創意被卡住，或是單純對目前居家環境不滿意的人提出各種建議，我們愛極了這種想法。你知道的，在我們身上管用的技法、在住家改造過程中學到的事，還有經典或更獨特的DIY計畫，我們都想分享出去，讓別人也跟我們一樣，愛上家中精心改造的四面牆。抱持著這種心態，我們開始寫書，裡頭滿是方便操作、負擔得起，又不會太難的點子，讓讀者的住家能夠提升到另一個層級。基本上來說，這本書就是我們六年前踏上DIY居家改造旅程時，會想參考的那本書。

所以，在我倆2190天的生活、學習和進行重大居家改造之後（之後要進行另一個），獻上我們的成果。也就是這本書。我想我們算是DIY狂，所以決定全部自己來。希望這本書能夠幫助所有想要讓住家變得更舒適（或是不要太普通）的讀者。因為我們完全了解，當你剛拿到新家鑰匙時，那種毫無頭緒的緊張感。天呀，我們曾經歷過的一切，恍如昨日。

好了，不說廢話（嗯，可能還有一些，但我們遲早會進入正題），我們很興奮與你們分享，各種堆積在我們熱愛居家改造計畫腦袋中的瘋狂想法、祕訣和創意。你知道的，那些想法激勵我們從工具箱或手工藝工具盒中拿出榔頭、油漆刷、釘槍、熱熔膠槍等種種工具。我們誠摯地邀請你與我們一起進入這個DIY樂園，在過程中一邊學習一邊改造，因為我們總是說，過程與結果一樣重要；在DIY過程中了解原理，是樂趣大半的來源。對了，我們現在還是每天都這麼做，我們就在這裡，和你一起在DIY世界進行這場小小的公路旅行。所以，快跳上車吧。你還會有把釘槍可以射呢。

愛你們唷！

XO,

雪莉和約翰　Sherry + John

請把這本書當成激發創意的出發點，一個跳板，一個起點，以及通往靈感來源的兔子洞。本書的重點，可能是整個居家改造問題的關鍵解法。因為每個技法都是從一個點子發想而來。

我們寫這本書的目的，是把數百個簡單有趣又符合預算的創意收集在一起（包括經典的和意想不到的點子，畢竟最棒的居家設計都涵蓋這兩種）。我們想介紹一連串的計畫、建議、趣聞和學到的經驗，讓讀者感到興奮，有信心去DIY，把住家改造成更令人開心、更具功能性、更舒適的空間，一個你想親吻的房子（我們說的可不是你在姨媽臉上輕啄一下那種吻嘞）。

當你翻閱我們所搜集的居家改造建議時，你可能會想：「我怎麼沒想到」，或是「我曾經這樣想過，或許真的可以試一試」，甚至是「我做了，還蠻不賴的」。希望你讀這本書時，這三種想法都經歷過。重點是你翻過書頁，挑選出適合你的計畫。這本書是很棒的創意集錦。不會太嚴肅。因為認識我們的人都知道，我們試著不對事物抱持太過認真的態度。這也許就是我們並沒有馬上放棄自己改造住家的原因。（如果你在耶誕夜晚上11點還在幫櫥櫃刷油漆，是要有點幽默感才行…沒錯，這就是我們的親身體驗。）

無論是租屋客還是自己有房子，都適用本書。至於剛搬進新家，裝潢大致完成，但覺得還是缺少什麼的人也適用。這本書是寫給熱愛完善DIY計畫的人，以及喜歡流點汗動手做，把點子變得更便利的人。這本書也寫給從未拿起裝潢書參考、從沒畫過平面圖的新手，以及早就看過這些點子10次之多，但好久沒真正拿起榔頭或油漆刷實作的人。你可能在這裡讀到這個點子第11次，才讓你有動力想要試一試。也可能看到我們這兩個新手才剛從租屋者轉換成新屋主，從沒有過裝潢經驗的人分享，會讓你有信心說：「什麼嘛，那我也要來看看自己做不做得到。」

想像我們就在你身邊鼓勵你（當然不是很激烈的催促那種），敦促你把住屋的裝潢提升到另一個境界。你是不是翻了翻白眼，覺得哪有一本書能幫助像你這樣小心翼翼（或是怕釘槍）的人？聽著，就算你在完全沒有相關知識的情況下使用這本書（或是你過去風評不佳，有過選個壁紙顏色就花上好幾年，或是只要你一碰，東西就會破掉），放輕鬆，我們都在這裡陪你。其實就在不到短短六年前，我們還記得自己那時的慘況。

所以，如果你覺得自己卡住，運氣不好，優柔寡斷，覺得有什麼東西阻止你前進，記住你一定要從其他地方開始。這是美好事物的起點：在你和住家之間展開一場愛的旅程。我們一開始也不知道如何順利選油漆顏色（當然也不懂如何油漆邊框或是填滿矽利康槍，或是做其他居家改善和裝潢的重大決定）。但是，多虧我們做

了許多很棒的經典案例研究、嘗試和失敗，還有從零開始的新手好奇心（你懂的，就是那種想要知道到底怎麼做的心態），我們終於完成了。我們完全沒受過專業訓練，也沒花上無窮無盡的經費去完成花俏的居家升級。但是，現在我們寫了一本居家改造的書，誰會想到呢？

我們總是開玩笑說，如果我們都能做到，大家也做得到。我們一點也不特別。（我倆的媽媽讀完這句話一定會打給我們，爭辯這個說法。但她們一定會這樣想，誰叫她們是媽媽呢。）重點在於，就算你們知道的和我們開始改造住家時一樣多（也就是說，一竅不通），一次選一個想法／一天／一個計畫，慢慢地你也能做到。書中的許多教學示範，我們都列上花費、難易度和所需時間等細節，幫助你選出最便宜、最簡單也最快的計畫（所以如果你想要循序漸進的話，可以從這些開始著手）。書中的所有計畫，至少有75個花費不到25美元，而有60個可以在一小時內完成。

如何使用本書

這本書並沒有講太多你不該做的事。比較像告訴你可以這麼做，或那麼做。我們沒有設下太多規則；我們發現，在把屋子變成家的過程中，不該有太多規則，因為這是非常個人化的體驗，對每個嘗試的人來說，都是不同的旅程，到達不同的目的地。例如掛窗簾或補色時，可能就像幫一隻貓剝皮有15種方式（真抱歉用了這麼噁心的說法）。這是好事！事實上，我們發現，如果把「這棟房子要討好每個走進來的人」這種想法拋在腦後，那麼會輕鬆許多。讓居家裝潢只為你而做。讓你看到這個家就會笑得闔不攏嘴。不要討好所有人，不要打安全牌。你要創造出自己的愛家。簡言之，選擇會讓你開心的計畫做。每天做一點。最重要的是，享受其中的樂趣。我們想說追隨你的心，但是遠方可能會開始傳來微弱的小提琴聲。

你在書中會發現243個創意點子，有些是大型的整體計畫，有些則是針對特定項目的小型計畫。改造居家空間絕對需要這邊做一點，那邊做一點，如果你像我們一樣，你可能會斷斷續續地做。有時你會志氣高昂，想要完成一些大型計畫，像是重漆櫥櫃或是整修衣櫥，有時又只想花10分鐘做個藝術作品來美化廁所。（誰不喜歡廁所乾淨漂亮？）

所以可視你的心情，手邊有多少時間和金錢來自由使用本書。每個改造項目加上編號是為了方便查索，你不一定要按照順序讀或做。我們保證每個技法訣竅都是獨立的，所以你大可矇著眼隨便翻一頁，看著翻到的那一頁（隨便哪一頁都行），然後動手做。只是做時不要矇著眼，那會把東西弄得亂七八糟。

書中的照片和插圖無疑反映了我們的美感和風格，但是如果你把東西改造成你偏好的感覺，對我們是再開心不過的事了。書中的創意都能重新詮釋、執行成各種風格或色彩，所以請選你喜歡的方式來做。

喔，對於看過我們部落格的人（擊掌！），我們想事先提醒一下，要讓本書提到的點子都是部落格沒寫過的新鮮想

法，對我們這兩個熱愛分享的人來說，確實很艱難。書中提到的一些建議或教學可能在部落格已介紹過（像是「幫家具上漆」和「重新幫床頭板繃布」），但是這些概念必須納入書中，所以當我們在拍照或畫插圖時，試著採用不同方式執行。舉例來說，你可能會發現，講到上漆時，我們把部落格中那張板凳的照片換掉，變成以完全不同方式上漆的衣櫥，那是我們為了這本書偷偷做出來的。所以，如果以三明治來比喻這本書，把這些經典DIY創意的新照片和新作法當成是新內容這塊「肉」以外的額外醬汁吧。

幾個警告

1 我們可能太過熱情。這是無庸置疑的。有時就連我們自己聽到「你一定可以做到的」之類的鼓勵話不斷重複，都想揍自己一頓。所以，如果你覺得我們太超過了，就想像我們是討厭的青少年在說話。或者你可以選一本真的很嚴肅的書，和本書交互讀。像是《戰爭與和平》或《憤怒的葡萄》。不管你做什麼，就是不要邊讀本書邊看迪士尼電影。拜託。

2 有些你進行的計畫可能不會成功。沒錯，它們可能就是人盡皆知的醜。不要因此而感到沮喪。總會有得有失。不動手改造（有時更是搞破壞），是不可能得到你想要的那種房子。天曉得我們的失敗有多慘，但你還是要跨上馬，繼續這趟旅程。光明正大的搞砸也會是很棒的學習經驗。（找出你

不喜歡什麼，與決定你愛哪些裝潢一樣有價值。）

3 沒有「對」的裝潢答案。我們對於這些裝潢創意及計畫的詮釋，並非唯一的執行方式。希望這樣講能讓你感到放心，自由發揮。盡情選擇你喜歡的色彩和材料，用自己的直覺去完成作品，上面會寫著「你的名字」，而不是「雪莉和約翰」。我們使用白色邊框的作品，你可能喜歡使用黑框；又或者你喜歡書背全都朝外（有時我們會隨機選幾本書書背朝內擺放）。也許你喜歡保守一點（或者大膽一點！）。或者我們選擇使用油漆的物件，你想用染色的方式。這些都很好。唯一的真實規則是，相信你的直覺。如果你覺得它看起來很棒，那就是你要的。

4 這些創意並不是我們原創的。就像一個廚師的食譜可能也包含取法他人的烤里肌肉片食譜（不過是嘗試後的改良版），本書的許多創意已存在好幾個世代，被設計師和一般人更新改良過很多次。我們的目的是把各種祕訣和創意集結在一個你容易翻閱的地方，裡頭有許多資訊、照片和插圖。你知道的，就是希望點燃你心中想要改造居家的火苗。

5 你一定會弄髒雙手。再次重申，我們認為這是一件很棒的事。沒有什麼比好好地老派地做手工更能增加血清素的。無論是磨砂、油漆，還是使用釘槍和榔頭，都會訝異自己很有成就感，很強大能幹。注意：這種感覺會

上癮。

6 動力是件很有趣的事。有時你會邊哼著歌，邊巡視家裡，看看還有沒有什麼可改進的，就像隻蝙蝠一樣；但有時你的動作則像糖蜜般緩慢流動。這很正常，也是DIY的必經過程。工作進度就像潮汐，高低起伏。所以，請抱持「誰知道我們到底要怎麼做，總有一天我們會完成」的想法。一定要有信心。享受這個過程。然後試著在過程中找到樂趣。

7 裝潢住家不是要拯救世界。相反地，這也不是世界末日。如果出了什麼差錯，像是選錯油漆顏色，或是最後並不喜歡你的新窗簾，都沒關係。沒什麼大不了，因為人類並不會因為你做錯裝潢就毀滅。居家裝潢應該是有趣的事。結果應該是一個讓你微笑的屋子。所以，如果你進行的任何計畫（甚至是這本無聊的書）讓你心情不好，就把書放下，遠離槌頭／油漆刷等。然後吃塊餅乾，在YouTube上搜尋 " baby Chihuahua"。這招通常對我倆有效。

選擇的物件

你可能會注意到，書中某些祕訣或創意計畫有特定的推薦產品或建議。我們寫部落格時，總是喜歡把我們認為管用的物件細節跟大家分享，不希望我們的書有所不同。所以我們要澄清一點，這些並非置入行銷，只是我們有幸使用到的東西。你知道我們喜歡分享！

關於分享

寫部落格和寫書的不同是，我們沒法花上10個段落來寫每個指南，也沒法每個計畫都分享15張照片（或是盡情分享到足夠的張數）。我們的解決辦法呢？就是在部落格上建了一個頁面，讓你們24小時都能連上，裡頭有額外的照片、影片和資訊，對讀了書而有疑問的人，或是想探索更多資訊的讀者應該會有幫助。你可以在younghouselove.com/book找到所有資訊。希望在那裡碰到你。

照片狂

有整整三週，我們忙著幫本書拍攝數百張住家照片，幾乎沒有睡覺，但精神還是異常亢奮（我們先是瘋狂完成家中的每個計畫，調整風格，這樣攝影師吉普才能在家中各處拍照；其中還包括在深夜將房間和天花板重漆上色，這樣吉普才能在明早收工之前來得及拍攝）。所以這不是你一般看到的，到許多高級住宅拍攝的結果。這個草根方式表示，我們並無法在自己的屋子展現所有我們想要介紹的概念；像是我們住在一層樓的農舍，就無法用自己的房子來展現有階梯的計畫。所以書中一些房間的照片（包括部分家飾和家具剪影）是其他屋子的照片，我們得到使用許可，幫助我們示範一些不想要沒有配圖的計畫。書末p.334刊載了照片原始出處。我們不想要你想破頭，找不出這些照片到底是在我們家的哪個角落拍的。

計畫圖例

本書充滿各種居家改造的範例，其中有許多是激發靈感的火種，讓你能輕鬆進入改造過程；有些則列出更多細節，甚至還有步驟教程。對於這些較複雜的計畫，我們做了一個資訊概要，讓你能快速看到這項計畫所需的花費、難度，以及從開始到完成所需的時間。

計畫圖例解說

花費：$-$$
COST

難度：流點汗
WORX

耗時：一個下午
TIME

1　「花費」代表每個計畫大概多便宜或多昂貴。當然，這取決於你在哪裡買材料（特定形式或品牌的布料、畫框或裝潢材料比其他種類來得貴），也要看你手邊已經有哪些物件，所以我們給的是大概的範圍，還是會依個人決定有所不同。

　　＊「免費」很明顯是指不花你一毛錢的計畫

　　＊ $ 意指這個計畫又好又便宜（約在25美元以下）

　　＊ $ $ 是花費中等的計畫（可能是25-100美元）

　　＊ $ $ $ 則是你可能想存錢執行的計畫（通常超過100美元）

2　「難度」的範圍從超級簡單到有點複雜。包括：「不流汗」，表示超級簡單；「流點汗」意謂需要花些工夫，但不會太難；「很多汗」則是高勞力密集的計畫。

3　「耗時」則是每個計畫大概需要花費的時間。通常分成「10分鐘」、「一個週末」和需要特別長時間的「一週」（像是幫櫥櫃上油漆）。我們提到的多是「積極在工作的時間」，所以陰乾或是訂貨等待送達的過程並不包含在內。每個人行動的速度不同，可能會遇到突如其來的障礙，有時也會有意想不到的好運，所以如果你的計畫花較久時間，也不要太難過（但如果你比預期來得快完成，大可跳起勝利之舞）。

必備工具

只要準備以下工具，應該就可以完成本書的每項計畫。如果你已經有了，就給自己貼上好寶寶貼紙。如果沒有，也無需立刻衝去五金行。每次只買該計畫所需的工具，過一段時間，你會收集到不少工具。

* 榔頭
* 平頭螺絲起子
* 十字形螺絲起子
* 捲尺
* 碼尺（準繩）
* 油漆膠帶
* 膠槍
* 釘槍
* 油漆刷
* 油漆滾筒刷和托盤
* 磨砂機和砂紙
* 電鑽／電動起子

如果你是喜歡擁有加分款工具的人，以下是我們喜歡在手邊備有的額外工具：釘衝、鐵橇、夾子、美工刀、尖嘴鉗、矽利康槍、油灰刀、鋸子（各種類型）和扳手。

注意安全

DIY很有趣，但不值得拿自己健康（或手指頭）來冒險，所以下面這些訣竅能讓你在過程中安全進行。

* 如果你不放心，務必穿戴護目鏡。也可以考慮穿上不露出腳趾的鞋、長袖上衣、長褲和工作手套，提供自己進一步保護。

* 盡量使用低／無揮發性有機化合物（VOC，含有較少或不含揮發性有機化合物）的產品。如果可以避免，為什麼要吸入毒氣呢？

* 當你在處理有臭味或會有灰塵的東西時，請確保工作區保持良好通風。戴上口罩也會有幫助。

* 由於噴漆含有揮發性有機化合物，所以務必在戶外使用噴漆，並記得戴上口罩。等物件乾透再拿進屋內。

* 使用完工具，一定要拔掉插頭。你不希望自己（或者小孩和寵物）撞到還插著電的電鋸吧。

* 當你進行與電器相關的計畫時，確定你已關閉電源。我們常常關上家裡的電源總開關，確保安全。

* 先在舊屋子和舊家具上試試油漆顏色，再磨掉舊漆磨砂。你可以在居家修繕賣場找到便宜的試用組。

* 計畫開始前，一定要把產品上的使用說明和警告標示看清楚。

最後一件事

這只是關於動力、期待和弄巧成拙的小小提醒。我們在自序分享了第一棟房子的改造，但有時光看「改造前和改造後」是很危險的。為什麼呢？嗯，光看這些照片可能會讓你覺得這些房間一下子就變得很漂亮，改造一下就完成了，因為改造前後的照片擺在一起，瞥一眼就看完了。但這是謊言！天大的謊言！既然我們總是說實

話，請聽聽這個激勵人心的消息：我們的居家改造一點也不快速。一點也不。

我們了解，如果你的居家改造過程無法像你希望的快速，那你可能會有點提不起勁。而把呈現灰暗、過時的改造前照片放在改造後照片旁，發出「這是同一個房間嗎？」的驚呼，也可能會讓你感到挫敗，覺得「我永遠不可能做到」、「這很漂亮，但我就是做不到」或「天呀！算了吧，我的房子永遠不可能看起來那樣。」

但是這些想法也是謊言。你的房子可以從最醜陋的毛毛蟲，蛻變成最美麗的蝴蝶。你不需花上一大筆錢。只是這改變不會一夕之間發生。

我們確實認為，那種一眨眼就完成的改變只發生在電視裡（而剪輯時忽略了背後花上好幾個月籌畫、勞動、混亂，只呈現出漂亮的改造後場景，所以看起來就像是過了四段廣告就搞定了）。我們第一棟房子的改造不是在一天、一個月，甚至一年內完成的。而是整整花了四年半的時間，才把那座老舊磚造農舍變得煥然一新。我們並非總是知道終點在哪，該犯的錯也沒少犯。天呀，我們犯過那麼多失誤。

所以我們認為，如果分享一些讓我們瞠目結舌的照片，還有幾張住進去整整八個月以後，房子內裝的照片，會對大家有所幫助，不再擔心無法一蹴可幾。有雷：我

改造工作不會總是那麼順利進展。

們在p.5和p.6分享的照片，離「改造後」還久得很。嗯，看起來是有點…粗糙。

你懂我們的意思了嗎？這些「改造進行中」的照片也有美好之處，就是提醒我們，要打造一個家需要時間。有時看起來很瘋狂。可能是為什麼就算我們現在住的房子裡，有些房間還沒完成裝潢，我們也不會和住在第一間房子時一樣，因為看到未裝潢房間就想哭（當時，我們認為住家應該在搬進去一週內就裝潢就緒）。

現在我們比較了解真相，不會讓自己背負不需要也不切實際的壓力。我們甚至會對那些太快就完成裝潢的房間起疑：它們真的會像那些美麗、慢慢逐步形成和花時間整理的空間一樣，是經過慎重考慮完成、極具機能性，對屋主同樣富含意義的嗎？

這段小小的自我誹謗並不是要讓你失去信心，以為「你是說我的房子經過四年也不會看起來很棒嗎？那我幹嘛浪費時間！」而是想鼓勵你，認為「我正在往夢想中的屋子前進，我做的每個計畫都讓我更靠近夢想」。

這些改造需要時間。必須慢慢滲透。很棒的房間是一層一層、一個計畫一個計畫累積而成的，會經歷錯誤和小小的勝利時光，會有顛簸，也會有讓你想要快樂舞蹈的時刻。所以給自己一些時間，去找到適合的物件；容許自己有空間犯錯；允許自己存錢，慢慢做；讓你有機會在過程中學習。住在還沒裝潢完的房間也沒什麼大不了。嘿，在尋找最棒的「改造後」的過程中，這是不出所料的過程之一。

我們從2010年底開始住進「新」家，從那時起，一些房間有了很大進步。

我們的客廳不是在一夕之間就變得完整漂亮，從這張悲慘的照片就可以看得出來。

我們把原本的櫥櫃上了漆，但是過時的藍色流理台還留在那好一陣子。

我們目前的客廳，
改造前後。

我們的辦公室，
改造前後。

我們的廚房，
改造前後。

我們的洗衣間，
改造前後。

但是，有些房間仍然毫無進展，如果貼上改造前後的照片就會像是我們不小心把同樣照片貼了兩次。但是我們覺得這樣也無所謂。如果你每天做一點，每次一個計畫，事情就是會這樣。所以如果你的房子看起來像是你理想住家的影子，你應該要高興。畢竟這是要花上好幾年的大工程。

至少對我們來說是這樣。改造過程中的樂趣，與你坐在完成改造房間的沙發上時一樣大。老實說，空間的改造永遠不會完成。（打賭你一定會轉頭巡視家中是否有什麼不順眼的地方…）所以務必享受改造過程中的一切美好事物。

ONE 放輕鬆

我們20幾歲還住在曼哈頓鬼混時，客廳就是我倆的起居空間。那地方通常不會很大，你在裡頭吃喝拉撒。事實上，約翰和我剛認識時，我住在蘇活區一間14×13平方呎的小小工作室，約翰則和另外兩個男生一起分租長島市一間一房公寓，他就在客廳打地鋪。他為了追我，向我炫耀他是如何把所有衣物全掛在床腳邊的一個掛架上。（沒錯，女孩們，這招還真的得逞了。）

所以幾年後，我們搬到維吉尼亞州里奇蒙市的第一棟房子，1300平方呎大的室內空間相形之下就有如皇宮一般。我們根本不知道從何開始。但是既然起居室是我們處理日常大小事的主要空間，很自然就從這裡開始了。除了窩在這裡放鬆、看電視外，我們還常在沙發上睡覺，或是在角落的書桌打電腦。我們甚至常在沙發上享用簡便晚餐。（我們會先在大腿鋪上餐巾。我們可不是動物。）

這絕對不是一夕之間發生的改造，但是放鬆角和客廳區的空間緩慢也穩定的進化，是我們住在那棟房子的四年半中，改頭換面最大的兩個地方。重新回溯這些逐步的改變相當有趣，因為光是這個空間就讓我們學到很多，知道自己到底喜歡哪些元素（以及不喜歡哪些元素！）。我們也學到其他重要的事，像是坐

雪莉說

LIVING IDEAS

客廳改造創意 >>>

在有靠背的椅子上寫部落格遠比坐在沒有靠背的木凳上舒服得多。（對，這是我們的切身經驗。）

所以，擁抱你的起居空間，它們會是很棒的導師。此外，你有時還是可以在沙發上用餐。只是別忘了鋪上餐巾，以免淘氣的肉丸掉出來。

我在想，實境節目主持人凡娜‧懷特（Vanna White）
是否能將這麼迷你的廚房變得煥然一新？

約翰確實需要一點女性特質。還需要一扇門。門絕對必要。

OO1

假裝書櫃背板
黏了壁紙

花費：$-$$
COST

難度：流點汗
WORK

耗時：一個下午
TIME

■ ■ ■ 不敢在書櫃的後面上漆或貼上壁紙嗎？有個不那麼固定的方式。把泡綿墊或硬紙板裁成書櫃底部的大小，在上面貼上壁紙或織品，就可以迅速改造書櫃，而且隨時可以更改。你甚至可以使用包裝紙，這樣改造的花費還不超過10美元。這種新背板帶來的影響會讓你瘋狂。

1　測量**書櫃**後部每一層架間的空間。

2　**泡綿墊**和**硬紙板**裁成方形，大小剛好抵住每一層架空間的背板。

3　用**壁紙**、**織品**或**包裝紙**把泡綿墊或硬紙板包起來，可用膠帶黏貼或使用釘槍在泡綿墊或紙板後側牢牢固定。你也可以使用噴膠，把包裝紙或壁紙黏上去。

我們使用的鮮豔包裝紙只要6美元！

002

壓印黃麻或亞麻地毯

花費：$-$$$
難度：流點汗
耗時：一天

■■■ 地毯可以製造空間感，而在富有質感的麻質地毯上添加大膽圖案，正好可以喚醒你的空間。

1　找塊短絨的**亞麻地毯**。（長絨地毯也可，但有時絨毛太長太粗會比織得較緊的地毯要難壓印。）我們在Ikea找到這張長毯。

2　拿出**絲光乳膠漆**，找出你想要的顏色（我們使用的是Benjamin Moore的Vintage Vogue），還有你想要的**印模**（圖案較大者較令人驚豔）。

3　印模放在地上，也可以放在中央，然後用**海綿**或**平頭泡綿筆**，像右圖那樣將顏料輕拍上印模。

4　慢慢地在地毯上印染，直到整個地毯表面都印上圖案。你也可以只印染地毯各邊。

5　讓地毯放乾（等48小時也不會怎樣），接著就可以享用成品了。

注意：

印上圖案的地方過了一段時間可能會褪色（就像印染的門墊），但是這些細微的歲月痕跡其實看起來很美妙，宛如歷史悠久的古董毯。

太好了！現在我可以來衍生我自己的風格了。

003

讓房間充滿各種質感

▪▪▪ 如果屋裡的每個物件看起來有些平板（全都是平滑閃亮，或是磨損粗糙的材質），試著找一個相反材質的物件來活躍氣氛，讓房間耳目一新。如果你的空間整體來說缺乏質感，這是你添加一些材質的大好機會：像是椅子上毛絨絨的人造羊毛、幾個用來儲物的編織籃、一些天然竹子百葉窗和空氣感十足的窗簾架，或是光滑不鏽鋼邊桌。

1　空氣感十足的薄紗增添柔軟感。

2　假毛皮抱枕永遠是有趣的選擇。

3　編織籃帶來自然元素。

4　磨舊皮革感覺很舒適。

5　線條俐落的燈具光滑又摩登。

004

避開這個配那個的陷阱

▪▪▪ 把木頭色調當成中性色。它們可以製造層次，產生看似安排過的效果，所以你不會有個像是餅乾模型一樣的空間。你真的可以選幾個暗色系的單品，然後配上幾件亮色系，甚至上過漆的單品。只要在同一個空間，每種色調的物件都有2-3件，看起來就會有像是巧妙安排過的層次，而不會像瘋狂的宿舍模樣（如果每個物件的色調都一致，然後只有一個物件色彩跳離主調，可能就會發生這種事；或是你不只是重複幾個木頭色調，而是同個空間擺了十種不同木色或上漆物件，就會有這種下場）。使用家飾可讓空間整合感更強，比方在亮色調的木桌上增加暗色調木框，或是把亮色木碗放在暗色木餐桌上，都能製造平衡感。

OO5

用黑板漆改造吧台推車

花費：$-$$
COST

難度：流點汗
WORK

耗時：一天
TIME

■■■ 這個在二手商店買來的吧台推車只要10美元，我們在一天之內讓它改頭換面。

1　找一張你手邊已經有的桌子或吧台推車，或買一張（你可以試試二手商店，或是Target和HomeGoods等賣場）。

2　將**桌子**或**推車**的每個表面（頂面除外）按照p.276教的方式上漆（我們用的油漆是Benjamin Moore的Dragonfly）。

3　在桌子頂面上幾層薄薄的**黑板漆**，請按照漆罐上的指示進行。

4　等油漆全都乾透，就可以擺上東西。

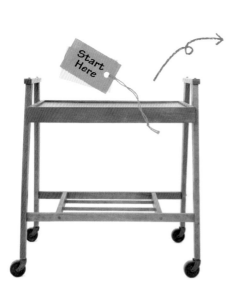

Grab a snack!

Grab a drink

006

讓挑高天花板變低，營造舒適感（而且方便油漆）

花費：$-$$

難度：流點汗

耗時：一天

▨▨▨ 如果你有一個很大的房間，牆壁都是白色，天花板還挑高，那你可以創造一個油漆的水平臨界點，讓房間產生很棒的雙色調效果。只要讓牆的上部留白（約45公分），然後把這條「水平線」的下方漆上油漆，就能製造舒適的效果，因為在水平線下的較深顏色會有籠罩整個房間的感覺。你不需要買梯子或搭個架子來油漆特別高的房間，還能為藝術品製造出很棒的界線，這樣藝術品的安置就能更從容，不需要掛那麼高。利用油漆膠帶來標示出界線，等到最後一層油漆漆完，盡快拆掉膠帶，才能讓那條界線保持乾淨。

007

隨興為桌子鋪上桌巾

我們在白色柱腳桌上鋪了一塊老舊被套，為房間增添色彩和圖案（也創造出一些隱藏的儲物空間）。任何廢布料都可以，像是毯子、浴簾、桌巾或是一大塊剩布均可。

一分鐘搞定。

008

考慮使用沙發床

▨▨▨ 找不到完美的沙發嗎？試著用沙發床來代替。不但讓你擁有倚靠、放鬆和看電視的空間，家中有客人要過夜的話，睡這裡也遠比躺在沙發或氣墊上舒服得多。

009
製作簡單的免縫窗簾

花費：S-$$$
COST

難度：流點汗
WORK

耗時：一天
TIME

■■■ 沒有窗簾？沒有縫紉機？沒問題！你只需要一些熨貼式褲腳膠帶，還有以下幾個簡單步驟，就可以非常快速地把你喜歡的布料掛在窗上。

1. 決定窗簾最後成品的長和寬。然後每邊增加2.5公分，以這個大小裁剪布料。我們通常預定窗簾有230公分長，還發現一大捲**繡布用布料**的寬度剛好是窗簾該有的寬度，所以你或許可以省事點，只要裁長度就好。

2. 一邊加熱熨斗，一邊拆封**褲腳膠帶**。（我們用的是耐用的HeatnBond，可在大部分布店或手工藝店，如Michael's找到。）

3. 裁好的布料一端放在熨板上，拉開褲腳膠帶，沿著布塊邊緣放置。遵照褲腳膠帶的使用說明，找出哪面要先熨，何時撕掉背端，何時又要摺起布料。

4. 然後用另一條褲腳膠帶再摺一次摺邊，熨燙好，以完成摺邊。

5. 在布料另一端重複同樣過程。

6. 開始慶祝吧。你已經完成你的窗簾了。現在只要把它掛上窗桿，然後用Target或Home Depot買來的**窗簾夾掛鉤**來固定窗簾。它們不只時髦，也讓你不用煩惱窗簾桿套或是布環等東西要如何使用。太好了！

注意：

想了解更詳細的步驟，看更多照片，請上younghouselove.com/book。

Bonus tip

地毯量尺

手邊有150公分×240公分的地毯嗎？下面這個方法可以幫助你的裁剪線保持直線。只要把布料鋪在地毯上，再利用地毯邊緣作為裁剪的依據即可。

窗·簾·基·礎·教·學

窗簾有時讓人不知所措，
處理窗簾有上百萬種作法。
下面是幾個我們最愛的訣竅：

我比較喜歡
下面掉了食物屑屑
的窗簾。

* 你只要把窗簾桿放得特別高，拉得特別寬，就可以讓窗戶看來有兩倍大（通常高是從天花板往下10公分，寬各比窗框寬45公分）。然後再掛上具空氣感的及地窗簾即可。這樣就可為房間帶來許多高度和輕柔感；另一個好處是，窗簾本身不會和掛在窗戶前一樣，遮住那麼多光線（窗簾主要是披在牆上。）

* 如果你有兩個相對的房間，你可能會想要為這兩個空間選擇一致的窗簾，那麼就可以不費吹灰之力，在兩個房間中造成很棒的流動感。這不是需要嚴格遵守的法則，但如果你沒有什麼想法，選用同樣的窗簾，然後以屋內其他物件（像是家具、地毯、家飾和藝術品等）來增加變化，並區分不同空間，這麼做絕對不會帶來無聊的空間。

* 如果你房間的各個窗戶高度並不一致，可以考慮「用窗簾桿來作弊」，把每扇窗的窗簾桿掛得一樣高，就能讓房間找回這類房間可能會缺少的平衡感；況且大多數人根本不會注意到窗戶本身有什麼不同。

* 如果牆上有一排窗戶，窗戶間的間隔只有一點點（可能不到50公分），或許可以考慮在整排窗戶上掛一長條窗簾桿，然後在窗桿兩頭，還有在間隔牆處掛上窗簾即可，可以製造這一面牆全是玻璃窗的假象，讓空間顯得更開闊。像是JC Penny之類的店就有販售特別長的窗簾桿，或是可延伸窗簾桿；你也可以買兩根窗簾桿，把它們彼此相抵，製造出一長根窗簾桿的視覺效果。

* 我們使用窗簾並不是為了隱私，只是喜歡窗簾為空間帶來的延伸高度和柔和感。所以我們喜歡用內裝型仿木百葉窗帶來實際的阻光和隱私效果（它們與窗簾極相配，而且在居家改造賣場就能買到便宜的仿木百葉窗。有些賣場甚至可免費幫你客製裁剪成你想要的大小）。

* 除了窗簾以外，還有幾個我們喜歡的窗簾裝飾方式：窗貼（增添隱私但不會阻絕太多光線）、竹簾（是增加材質感的極佳選擇）和羅馬簾（白色或是你喜歡的顏色和圖案的布料。）

▲ 掛上又高又寬的窗簾能讓窗戶看起來大一倍。

▲ 在一排窗戶上掛上一根長長的窗簾桿，即可創造出一整面玻璃窗的錯覺。

010
Ikea茶几三變

■■■ 這張價格平實的桌子可說是Ikea的招牌商品，永遠是有趣的改造對象，尤其是因為它有各種不同顏色的選擇。這裡列了三種做法把這張（或好幾張）特別便宜的桌子，從標準Ikea樣貌，轉變為獨一無二。

一張茶几變身層架

使用桌面當做背板，桌腳則做成淺層板（我們用了一張上了黑棕色拋光漆的茶几）。我們一次固定一支椅腳，從桌面後方開始鑽螺釘。試著先鑽出定位孔，讓鑽層板的過程更加容易。務必要邊鑽邊檢查每層層板是否水平。使用桌面背後已經鑽出的孔洞來把層架掛在牆上，你可以使用飾釘或是耐重壁虎來固定。

整體花費：不到10美元！

Start Here

兩張茶几變成床頭板

把兩張桌面和四支桌腳排列好，然後錯落安排成適合標準尺寸雙人床的床頭板（我們用了兩張亮紅色茶几）。把排好的床頭板翻過來，在上面橫放上三段2.5公分×8公分的木板，分別在頂端、中間和下端。等我們把木板緊緊鎖在桌面和桌腳上（我們先鑽好定位孔），不只床頭板固定完成，三條木板也形成小小壁架，讓你能夠把床頭板掛到牆上。你也可以用三張茶几來製作queen size雙人床的床頭板（加上2-4條桌腳來增加穩定性）。

整體花費：不到30美元！

三張茶几變身方形書架

把兩張茶几疊起，第三張茶几做為基底（我們用了三張亮白色茶几）。使用鑽頭（試試0.6公分大），在八支椅腳的底部中心鑽出孔洞，然後在每個洞中插入5公分的木釘（你可以在Ikea的零件區或手工藝店找到八支木釘）。使用同一個鑽頭，在基底桌面和其中一個層架桌面上，鑽出對應的洞（我們的祕訣是鑽過Ikea茶几椅腳上已經有的洞；原洞是用來確保椅子穩固）。把桌子疊起來，將木釘對齊桌面上的孔洞插入，確保書架安全牢固。

整體花費：不到45美元！

簡單的木釘就能把書架拼起來。

O11
把舊門板改造成書桌、床頭板或屏風

■■■　剛拆掉家中一扇門（就是毀掉廚房和餐廳之間流動感的那扇門），在車庫或庭院大拍賣找到一扇門板，不知該做什麼用。何不做些有趣的變化呢？

1　門板可以變成**書桌桌面**。只要在下方加上桌腳（居家修繕用品店有在賣），再用裝置門把的那個洞來收納電腦線。

2　把門板掛在牆上，變成**床頭板**。（請用幾根大頭釘把門板鎖到牆上，固定。）

3　還可以把幾片上頭有百葉窗的門板鍊在一起，塗上鮮豔的顏色，創造出可站立的**時尚屏風**，用來遮擋雜物或區隔空間。我們曾把一扇DIY的雙摺門漆上翡翠綠油漆，用在第一間房子的地下室，遮住熱水器。

注意：
請上younghouselove.com/book
看看這些計畫的執行細節。

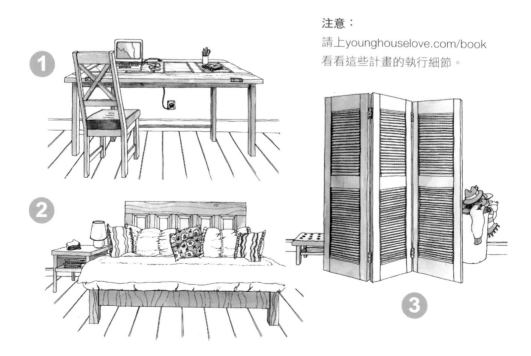

O12

重新布置客廳

沒有什麼比把舊家具重新移
到其他位置更能為房間帶來
新鮮感（而且還不用錢）。

這裡是幾個布置
正方形空間的方法

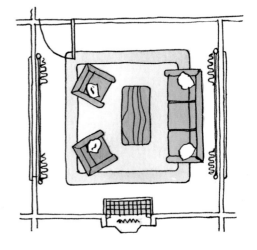

還有幾個長方形
空間的布置方法

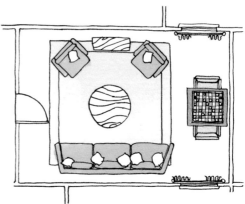

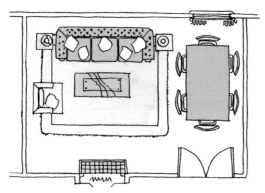

Bonus tip

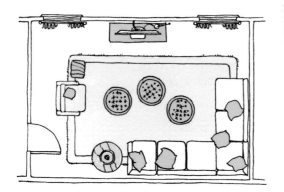

四處搜尋靈感來源

看看跟你家有類似居家空間、房間
大小或室內配置的鄰居朋友家,是
不是能激發你的想法。如果你表明
想參觀他們剛完成的廚房改造和新
掛的窗簾,他們大都會受寵若驚,
也可以讓你找到適合自己家的點
子。所以出發吧,主動向鄰居借點
糖,看看他們家。或者你也可以帶
塊派送去。大家都愛吃派。

013

幫窗簾染色

花費：$
COST

難度：流點汗
WORK

耗時：一個下午
TIME

■■■ 如果你已經有了窗簾，但是不太喜歡，在你失去希望前，總是可以試著讓它恢復生機。白色窗簾或許很優雅，但是如果對你的空間來說，白色窗簾過於荒涼（或是老舊、泛黃），為什麼不幫它染上暖奶油色、淺棕色或蜂蜜色呢？如果你想要更豐厚有深度的色調，或許也可以選擇深藍、紫紅、灰色或棕色。金黃、藍綠、橘色和翡翠綠也是極漂亮的選擇。現在的染料有百百種，大可以好好選擇利用。（我們喜歡Jo-Ann Fabric的iDye，你可以丟進上掀式或側掀式洗衣機中使用。）你也可以幫窗簾浸染，在底部製造出一條色帶（只要把窗簾底部浸在裝了染料的水桶或缸子中，不要把整條窗簾丟進去）。還能發生什麼可怕的事呢？如果你不喜歡，大不了把不喜歡的成品剪成一塊塊當抹布用。總之，這絕對值得你嘗試一下。

Bonus tip

與家具賣家和包商協商

無論你是走進家具賣場，還是請包商來估價，我們最喜歡問的問題是：「這是你們最好的價格了嗎？」這是取得10-15%折扣的絕佳方法，只要簡單發問，沒人會記在心上，更沒污辱他人的意思。最好的協商就是要簡短，又能達到甜美成果。

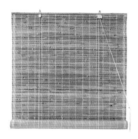

▲ 很有質感的竹子百葉簾

▲ 帕森斯工作桌
（Parsons desk）

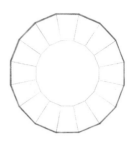

▲ 圓鏡

014

至少買件下列經典單品
（或全部都買）

這些單品幾乎能搭配各個房間和
每種風格——長期來看，
你投資在它們身上不會出錯。

▲ 線條俐落的中性色
布質沙發椅

▲ 深色木質玄關桌

▲ 皮質厚圓墊椅或椅凳

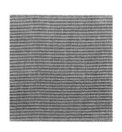

▲ 中性色調亞麻
或羊毛地毯

三個色彩鮮豔枕頭 ✚ 一張掛毯 ＝ 迷人的混搭風格

015

一張沙發三種變化

同一張沙發換上不同裝扮，
看起來多麼有趣
又不一樣啊。

五個亮色系枕頭

質感佳的掛毯

愉悅隨性風格

如果說人要衣裝，
那麼沙發就要抱枕裝了。

兩個精緻枕頭

一個長枕

平衡的圖形感

016　不要忘記走廊

■ ■ ■ 你可以選個顏色把走廊漆過一遍，或是在走廊牆面掛上許多畫框。你甚至可以添加走廊燈，如果你已經有走廊燈，考慮換一盞新燈。或者利用一些建築細節，像是冠式模頂、靠椅飾條、裝飾板和護牆板等增色。走廊是個轉折空間，你也許不想選與周圍房間不搭的顏色用在這裡，所以把油漆樣本帶回家，一一比比看哪種顏色與周遭房間相配，又能為之前無趣的走廊增添趣味。

017　注意暗處

晚上在屋子裡繞繞，看看哪個角落或哪張桌子需要更多光線，加個桌燈或立燈，增添溫暖氣氛和平衡感（這樣就不是陰暗角落）。如果這個空間無法放下桌燈或立燈，可以掛盞壁燈，從天花板掛個頭頂掛燈，或請水電師傅幫你裝個吸頂吊燈（約80-100美元）。

018

改造壁龕

■ ■ ■ 首先，我們要承認：壁龕很有挑戰性。但也是大好機會，讓你創造甜美的小角落，不但實用，也很吸引人。所以，起來讓這個角落看看誰才是老大吧。

1　在壁龕裡放一張長椅，並在上方掛藝術品。

2　擺上舒適的椅子和檯燈，讓這裡變身成閱讀角。

3　如果壁龕是在兒童房，可以裝上彈力桿，掛上一塊布／床單／浴簾，變成布偶戲舞台。

4　在裡頭放精緻的櫥櫃。

5　放進水平嵌板，製造出內嵌書櫃的效果。

019

為樓梯增添情趣

〰〰〰 你有許多方法幫樓梯增添些趣味。

* 把階梯的豎板漆成對比色。

* 在豎板上印上數字或有意義的句子。

* 用有圖案的壁紙貼在每層豎板上（在上面加塗一層聚氨酯，讓它更耐用）。

* 每一層豎板都印上不同圖案。

* 欄杆扶手漆成白色，但是把垂直的欄杆染或漆成深棕色，製造對比。

* 在上頭加塊有趣的地毯，帶來更多質感，也能保護兒童安全。

020

裝飾二手店
買的鏡子

花費：$-$$
COST

難度：流點汗
WORK

耗時：一個下午
TIME

我們在二手店
用8美元買到
這面鏡子！

找個你能找到最醜最悶的二手鏡子。如果上面還有海綿壓過的色紋就更好了。忽略那看起來很嚇人的外表，記住鏡子的改造非常容易。（只要找到你喜歡的大小／形狀，把顏色忘掉。）鏡子買回家，下面就是裝飾的方法。

1 取下鏡面，剩下鏡框。用**硬紙板**或**塑膠袋**和一些油漆膠帶來避免鏡面沾上油漆。

2 在鏡框上用**噴漆**噴幾層均勻的薄漆，顏色選用萊姆或茄子等有趣顏色（我們用的是Rust-Oleum's Painter's Touch的茄子色）。祕訣：先用**噴漆底漆**可讓色彩耐久一些。參見p.85，學習更多噴漆基本技巧。

看吧！這面鏡子看起來不再慘兮兮。如果你不敢使用明亮飽和的色彩，也可以用亮白色、巧克力色、海軍藍、淺灰、深灰或黑色。這些經典色基本上都不會出錯。

Bonus tip

映照一面景色

記得放鏡子時要讓鏡面映照出漂亮的景物，宛如一扇窗或美麗藝術品（而不要映照出巨大的黑色電視螢幕或很醜的牆面。）

021
重漆木質家具

花費：$

難度：很多汗

耗時：一個週末

■■■ 這是需要花時間完成的計畫，但絕對值得你這麼大費周章。一旦你掌握了重新上漆的技巧，就可以改造所有東西。（我們甚至看過有人重漆一些精緻華麗的物件，像是鋼琴！）

1　家具移到弄髒也沒關係的地方（車庫、車道或清空屋內一角，鋪上**墊布**），然後用濕抹布把家具整個擦過一遍，擦掉所有灰塵、油漬或蜘蛛網，特別是如果這件家具是從二手店買回的話。你也可以用**消光劑**把它弄乾淨。

2　先用**粗砂紙**（較粗糙的80號砂紙），再用**磨砂機**把整件家具磨過一遍，按照木紋的方向磨。手邊多準備一張備用砂紙，在機器伸不進去的角落和裂縫，用手拿砂紙進去磨。這個步驟會磨掉目前的拋光漆和染色劑。目標是把原本還帶有亮光漆的物件盡可能回復到原本木色（雖然不需要把原漆100%磨去，如果磨得夠乾淨，有助於新的染色劑滲透附著）。接著再用**細砂紙**（200號砂紙）仔細磨過一次，使物件表面平滑。

3　再次拿出濕抹布，把整件家具擦乾淨，抹去所有殘留的木屑。然後，確定家具都乾了，再用**油漆刷**在家具表面刷一層薄而均勻的**染色劑**。

這張摩洛哥風格的桌子是在二手店花10美元買到的。

4　等染色劑著色。等待的時間取決於你想要最後的顏色有多深。參考染色劑的使用説明（不同廠牌各有不同要求），如果不確定要等多久才能達到你想要的顏色，先在不顯眼處測試一下。

5　等待時間結束，你認為染色劑已經浸染足夠以後，用**乾淨抹布**（舊T恤很合適）擦掉多餘的染色劑。試著施加些許壓力，和緩地一次擦拭長條區塊。你不希望木頭表面還殘留染色劑吧，所以只要木頭沒吸收的染劑都要擦乾淨。

Bonus tip

你有膠合板嗎？

這個方法也可以用在膠合板上，只要注意不要磨得太深，不然膠合板會出現凹痕或碎裂（你不會想經歷這一段的！）。

6　如果染色的結果沒有你想像中的深，再上另一層染劑，等待過後，再擦去多餘染劑。你可以重複這個過程直到滿意最後的結果。

7　如果你使用的染色劑並不含有聚氨酯密封劑，那麼你得自己漆幾層**防水層**。我們用的是Safecoat的低VOC版本（VOC，揮發性有機化合物），叫作Acrylacq或Minwax Water-Based Polycrylic Protective Finish，它們提供清澈的光滑面，不會變黃。家具已塗上染色劑，再用**小油漆刷**塗上薄而均勻的密封劑層。我們建議你塗二到三層。只是切記等每一層乾了再塗下一層，才不會黏在一起。

022

幫室內門染色或上漆

花費：$-$$
難度：流點汗
耗時：一天

■■■ 風化灰、深藍色、深炭灰、白金色、摩卡色、深巧克力，你有許多經典／中性色能夠用於你家，立即帶來精緻感。至於如何為一扇門染色或上漆呢，事實上我們直接就在門上操作，所以你不需要先把門拆下來才能完成這浩大工程。

1 如果你是有點手殘的人，或是過去塗油漆時總會把四周弄髒，那麼先用**油漆膠帶**遮住門上的絞鏈。

2 拆下門把和其他五金，才不會妨礙你塗油漆。

3 如果你用的是染色劑，先用**粗砂紙**（80號砂紙）磨去門上的密封劑，這樣**染劑**才能均勻滲透，製造出均勻成色。接著再用較細的砂紙（200號砂紙）再磨過一次，除去粗糙部位。接著遵照染色劑罐子上的指示。（我們喜歡Minwax Deep Walnut的深棕色。）

4 如果你用的是油漆，用**液態消光劑**將門整個擦過一次，然後用**小型油漆滾輪**和5公分斜角刷先上一層底漆（斜角刷用於縫隙處），此處選用的是**高品質低VOC底漆**，能夠阻止滲色並增加色彩持久度。（我們喜歡Zinsser Smart 底漆）。根據指示，放乾一段時間，再上二或三層薄且均勻的**半亮光漆**（同樣使用小型油漆滾輪或5公分斜角刷來上漆）。

5 等漆完全乾了，再把剛剛卸下的門把和其他五金重新裝上。然後你就可以歡呼大功告成了。

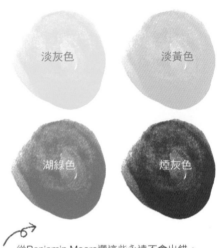

淡灰色

淡黃色

湖綠色

煙灰色

從Benjamin Moore選這些永遠不會出錯。

023

幫便宜的
紙燈籠上色

■■■ 在一盞白色燈籠上增添幾何圖案、輕鬆的心型圖案或是像畫家波洛克的潑灑顏料，看起來都很有趣，還能讓燈籠變得更有特色。我們使用藍綠色的水彩顏料，在這盞用5美元從World Market買來的燈籠上，輕輕畫出環形條紋。

簡單又便宜。

安全需知：

紙燈籠不該是火災的高危險地帶，所以要讓燈籠上下各留空洞，讓熱氣能夠排出，此外燈泡也要留下足夠空隙（離紙沒有那麼近）。使用CFL或是LED燈泡會是好主意，因為與白熾燈相比，它們散發較少熱能。

024
試試壁紙

 花費：$$-$$$

 難度：很多汗

 耗時：一個週末

■ ■ ■ 許多人都認為壁紙過時了。但是我們講的可不是那些上面有小雞或葡萄邊飾的壁紙，現在市面上有許多生動又酷的壁紙！這是為衣櫥、玄關或是焦點牆等地點增色的好方法；diynetwork.com和youtube.com等網站上有許多很棒的教學教你如何貼壁紙。所以，準備好改造一番吧。

 我叔叔變成書擋了。

025

混搭五金拋光漆

■■■ 打破五金一定要是同種質材拋光的原則。在這裡我們擺了一面仿古銅鏡、銅豬、銅紙鎮，和一盞銀燈、銀托盤和椅子上的爪釘裝飾。只要每種金屬出現不只一次，就會看起來有層次感，是思考過的安排，而非互不搭配。

026

為裝飾架增色

- 花費：$
- 難度：流點汗
- 耗時：一小時

027

不要只是填滿空間，而是添加一些有意義的東西

■■■ 層架不加上多餘花邊就很酷了沒錯，但有時添加一些裝飾還是能讓你會心一笑。

1　找出有個性的**緞帶、布料、裝飾用紙**或甚至是**珠串流蘇**。

2　把緞帶等掛在**開放式壁架**和扶壁架上（**熱熔膠**或**工藝膠塗**在緞帶、布料、裝飾用紙或珠串流蘇背後，固定於架子上。）

3　你可以在壁架固定於牆上時就完成這項工作，也可以先把壁架從牆上取下，放在地面上操作，這樣會更好（這樣黏上去的邊飾在陰乾時就不用對抗地心引力。）

4　如果你無法取下壁架，試著把邊飾拉到架子後，在那裡固定，可以製造出最沒有縫隙的樣子。（如果你把層架掛回牆上，邊飾的末端會藏起來。）

■■■ 在你選擇裝飾居家的物件時，如果那些東西背後都有個故事就更好了。選擇那些有特殊感覺，或是具有情感價值的物件。就算是在Craigslist找到的個性小物，或是某個具有嚴肅意義的舊物，都能讓空間獨具特色。所以，我們的主要原則是向那些占空間的東西說不。如果你可以等待、存錢，買下你真心想要的一盞燈，那為什麼要買一盞你覺得不怎樣的燈呢？那些物件擋在你和你真正想要東西中間，所以如果你找不到，或是負擔不起命中注定的那個物件，拒絕當下的購物衝動是值得的。

■■■ 使用無痕膠帶在牆上展示你收藏的明信片或照片。你可以隨意貼上，製造隨性的拼貼感，或是貼成整齊的格子狀。

029

用油漆在鑲板門上增添細節

COST　花費：0-$

WORK　難度：流點汗

TIME　耗時：一個下午

▓▓▓ 只要在鑲板門上的內嵌框塗上油漆，就能讓建築更加突出。試著在白色門上使用淺灰色調，或是如果整個空間的色調能夠配合，選擇深巧克力色或灰藍色，製造更多對比。你甚至可以再添加另一種顏色，製造更多立體感，就像我們在這裡做的一樣。利用油漆試用瓶可以讓經費省到10美元以下。如果你有點手殘，那麼先用油漆膠帶把其他部分貼起來。

我們用Benjamin Moore的Moonshine和Silhouette來裝飾平淡的臥室門。

Bonus tip

沒有鑲板門嗎？

用油漆膠帶在門上製造出假鑲板，然後把油漆膠帶上漆，這樣就能為平板空心門增添趣味和立體感。

030
讓層架變成亮點

■■■ 用萬能麥克筆在層架頂面上畫出各種圖案。萬能麥克筆有金屬色澤款式，也有彩虹的七彩顏色。下面列出幾個設計創意：

＊魚鱗或背殼圖案

＊不規則的細條紋（我們用油漆膠帶來做出條紋）

＊Polka斑點（你也可以在辦公室用品店，買點點貼紙來取代萬能麥克筆）

＊帶葉樹枝

＊淚滴

＊鋸齒形或是回文

＊如磚瓦般堆疊的菱形或六角形，製造出蜂巢般的造型

＊仿木頭紋理圖案

031
添加一個
意想不到的物件

家中的每個房間都需要一件會讓你發出「哇」的物件。這會讓可預測的空間變得有趣。所以如果你喜歡鄉村風，就在房間加時尚風格燈具之類的現代風格物品。如果你喜歡細緻、中性質感，就加個圖案大膽的抱枕。如果你喜歡精緻絨布的古典感，試著添加一個休閒風的布面軟凳。如果你的家具都比較高，選幾件矮上15公分的物件。讓你的空間不要過於制式化。這是創造個性空間的關鍵。此外，脫離自己習慣的風格也很有趣。

032
快速製作窗簾

窗戶光溜溜的嗎？買一根窗簾桿和窗簾夾（Target和Home Depot有賣），用窗簾夾把各種東西夾在上頭。不需要窗簾穿環或飾帶。試試下面幾種方式：

* 床單或被套

* 桌巾

* 居家修繕用品店買到的質樸防護罩

* 布質浴簾

* 復古掛毯（製造老練世故感）

* 零碎布料（你可以使用免縫褲腳膠帶，p.32有更多教學；你也可以留著布邊，製造酷酷的隨性感。）

033

製作漂流木風細枝鏡

■■■ 用一面細樹枝鏡把戶外感帶進室內，為房間增加質感和粗獷魅力。這是裝飾現有平凡鏡子的絕佳方式，只要到戶外撿些樹枝即可備齊材料。或者你也可以在二手店買一面平價鏡子，就能大顯身手。

花費：$-$$

難度：流點汗

耗時：一個下午

1 找一面外框寬度及平坦度都夠的**鏡子**。

2 用**萬用膠**把一樣大小的樹枝黏到鏡框上。

3 **視情況做**：把樹枝漆成淺灰色，製造出漂流木風——我們用的是Rust-Oleum's Painter's Touch的Fossil。（如果你計畫要這麼做，先把鏡面貼住，再黏上樹枝，就像我們在下圖做的那樣。）

Start Here

034

在天花板貼上立體紋路壁紙，製造壓花錫片天花板的效果

花費：$-$$$$
COST

難度：很多汗
WORK

耗時：一天或一個週末
TIME

■■■ 你在居家修繕用品店或網路上都能買到立體紋路壁紙，與方塊狀的壓花錫片相比，價錢很親民。額外優點：壁紙較輕，也比較好貼（只要按照壁紙包裝上的指示，或是黏膠的使用說明，各家略有不同）。等壁紙貼上天花板，再塗上你喜歡的顏色，製造出幾可亂真的精緻繁複錫片天花板。

精打細算

在我們以全額購買任何東西前，總會在心裡衡量一下以下檢查清單。

* 我有折價券嗎？可以在網路上找到折價券並列印出來嗎？

* 我有該店競爭對手的折價券，他們會接受嗎？

* 如果市場上有更低的價格，該店會以那個價格賣我嗎？

* 如果我在線上下訂，我能Google到折扣QR碼嗎？

* 我可透過eBates等現金回饋網站來購買這項物品嗎？

* 我能使用信用卡紅利點數來購買這項商品嗎？

* 如果我用商店聯名卡購買，會有折扣嗎？（有些商店，像是Target，可讓你每次購物享有5%折扣。）

* 如果我不喜歡該商品，店家提供退貨免運費服務嗎？（或是我可以到當地商家退貨，避免支付運費？）

035
到庭院用品區購物

■■■ 原本用於戶外的家具和家飾，用於室內的話，可以為房間添加許多質感和獨特性。我們的餐廳有一頭灰色水泥獵犬待了很多年，我們喜歡它為餐廳增添大膽工業感。所以下一次你逛到庭院用品區，晃一下。從水泥生物到戶外邊桌或戶外椅等，都是你下手的目標。而這類風格可以把房間從平凡無奇變得永難忘懷。

沒錯，這個花盆也可以住在戶外，但是我們喜歡放在室內，裝滿五彩繽紛的包裝紙。

參見p.22，看看我們如何使用包裝紙。

▲ 仿古銅或銀質吊燈
可讓用餐區升級。

▲ 一些有雕塑感、
有趣又瘋狂的物件,
可以為客廳或臥室
帶來趣味。

▲ 透明玻璃吊燈不會遮蔽視野
(掛在水槽上方,後面有一扇窗戶,
效果很棒)。

036

換掉「平淡無奇的」固定式燈具

如果你家的燈具不合你意,試試這裡列的幾種。

▲ 在中島或桌子上方
掛一大盞鼓形燈罩,
可營造出傳統與時尚混搭的
俐落風格。

▲ 中型鼓形燈罩很適合
紅通通的掛在臥室、
走廊或浴室的天花板上。

037

潔西卡的織品門

客座部落客創意

部落客
潔西卡・瓊斯（Jessica Jones）

部落格
How About Orange（http://www.howaboutorange.blogspot.com）

居住地
伊利諾州，伊凡斯托（Evansto）

最愛的顏色組合
橘色＋灰色

最愛的圖案
任何大型、反差、大膽和有秩序的圖案

最喜歡的房間裝飾法
很酷的藝術印刷品或海報

■■■ 我們公寓的平凡前門一點也不有趣，所以某個下午，我先生和我在門上貼了織品，讓圖案為這扇門帶來活力。

材料

＊織品　＊剪刀　＊水　＊玉米澱粉

＊美工刀（如果你和我們一樣遇到障礙時可用）

＊大支油漆刷（如果你想在大面牆上施作，則需要油漆滾筒刷）

1 **選擇布料。**我選的是Ikea的輕磅棉質印花布。床單也很適合。如果你用的是亮色系布料，最好先用洗衣機洗過，這樣布料被漿糊沾濕以後，染料才不會滲到牆上或門上。從小區域開始試作。

2 **調製漿糊。**我的漿糊配方是1/4杯玉米澱粉，配上剛好可以讓澱粉融解的水量。在鍋子裡倒2 1/4杯水，煮到滾。然後慢慢倒進玉米澱粉調物，煮到鍋內物成稠狀，持續攪拌。最理想的濃度就像稠肉汁。

3 **測量。**在漿糊冷卻時，先測量門的尺寸，把布料修剪成同樣大小。裁剪過程應該很容易，因為大部分布料都從紋理處裂開。

4 **把布料和門黏在一起。**整扇門塗上漿糊，然後從上方開始把布料黏上去，邊貼邊用手指把皺摺處按平。在漿糊乾掉或較難黏的地方，多塗一些漿糊。

5 **幫障礙物裁幾個洞。**用剪刀在布料上把門鎖和門把所在位置剪幾個洞，讓布料不會蓋住這些地方。

6 **修剪多餘布料，把角落黏好。**把布料貼上門，順平所有皺摺，接著拿美工刀開始把蓋住五金的布料修掉。視情況使用更多漿糊。漿糊除了能把布料黏住，也能避免織物邊緣磨損。所以，在門的四角多用一些漿糊，以防萬一。

7 **放鬆欣賞成品。**等布料乾了，它應該是平順無皺摺，也看不見漿糊的（我們的是這樣）。如果你決定移去這個設計，布料可以輕鬆取下，不會傷到門。

我們喜歡成品的樣子，而且也很實用。我們家的這個角落有四扇門，要離開的訪客有時會搞不清楚他們是從哪裡進來的。現在，我們用門上的村莊圖案來指引他們方向。

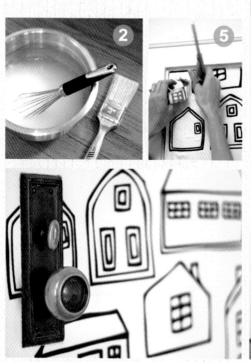

TWO 吃個飽

我們會開始寫部落格，是因為在2007年改造廚房。那時我們剛新婚不久，買第一間房子差不多一年。其實這是我的點子。雪莉覺得寫部落格很奇怪，又沒說服力又浪費時間，但諷刺的是，沒多久她就愛上寫部落格，幾年後更變成她的全職工作，後來我也加入。

我認為寫部落格是很好的方式，讓親友知道我們改造廚房的進度，而不用隔沒多久就寄附加龐大照片檔的信轟炸他們。寫部落格以後，我們只要和他們分享URL，他們就能隨時點進去看看我們到底在做什麼。親友定期造訪我們的部落格，鼓勵我們（一路上有很大的激勵作用）；很快地，也開始有我們不認識的人來造訪部落格，這很有趣、奇怪又美好。一切就這麼開始了。

回到2007年我們第一次的廚房改造。過了113天沒有廚房可用的日子（真希望自己只是在開玩笑），終於把廚房裝修就緒，再次擁有可運作的水槽和冰箱等現代化設施，難以形容有多榮耀（終於不用再吃外帶中國菜當晚餐，也不用在浴缸裡洗碗了，哈利路亞！）。我們不是很會煮飯的人，便請有廚藝天分的朋友到新廚房煮了頓完整三道菜的晚餐慶祝一下。一切都非常美好，直到上第一道菜時，垃圾處理機不知怎麼堵塞了。沒錯，自製鷹嘴豆泥讓我們陷入困境。切成一大塊一大塊的蔬菜滑進了排水管，而當蔬菜塊掉進去時，沒人注意到要打開垃圾處理器。

KITCHEN AND DINING IDEAS
廚房和餐廳改造創意 >>>

所以等所有朋友飽餐一頓離去幾小時後，我們就把剛剛裝好的水管拆掉。更麻煩的是，堵塞位在水管藏在牆內那端，光是把水槽下的水管拆開，送條蛇進去也無濟於事。所以只好Google看看有沒有解決堵塞的方法，才學到滾水可以把卡在水管深處、碰不到的堵塞物沖下去。（滾水會煮熟蔬菜和肉，食材燙熟後會萎縮，就可被水沖走。）我們把水管裝回去，試了這個方法，沖了幾加侖的熱水以後…成功啦！

我們要說，當時學到的是，絕對別把任何小事，像是滾水，視為理所當然。有時就是會出現路障蔬菜的阻礙，但只要一點點努力（和Google！）通常就能讓計畫順利完成。

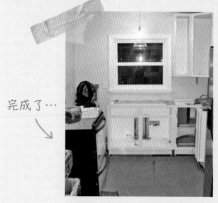

完成了…

…再次拆開，嗚嗚…

038

三個防濺板
DIY裝飾法

花費：$-$$

難度：流點汗

耗時：一個下午

　　如果你的磁磚防濺板真的醜到不行，不需用到砂漿或鏟子來消滅它：可以試試以下三種改造方法。

1. **天花板磁磚**可增加時髦迷人的感受，還能帶來許多質感，甚至可以塗上漆，呈現完全不同的風格。還可以用萬用膠來黏貼（問店員你選用的磁磚適用那種萬用膠），如果你是租屋者，可以用3M無痕膠帶暫時貼上磁磚。

2. **牆面裝飾板**，如錫質裝飾板，可以用萬用膠或3M無痕膠帶直接貼在目前的防濺板上，讓它快速變臉。裝飾板也能上漆，輕鬆升級成不同風格。

3. **一幅畫框**，裡頭可以裝上任何東西，從黑白照片到色彩鮮豔的布料（像我們這裡用的）都可。畫框可以掛在防濺板前，或是用3M無痕膠帶等產品固定。這種畫框不只能增添個性（並把醜陋的防濺板藏起來），許多歐洲風格的廚房甚至還使用玻璃防濺板呢！所以，吃個可頌來慶祝一下吧。

Bonus tip

想想家具在傳統用法以外的用途

衣櫃也可以用在客廳或門廳；書架也能輕鬆變身吧台。老舊的圖書館檔案櫃則可當廚房中島。碗櫥翻新，搭配櫃檯式長桌和水槽之後，就可以讓你的浴室虛榮不已。事實上，我們把床頭桌加上一個水槽和水龍頭（請見p.127），讓它成為舊浴室的亮點。所以，在你家找一件家具，發揮想像力，找出它的另種用途，無論你是要好好DIY一番，或只是把它從一個房間移到另個房間都行。

039

為廚房製作香草盆

花費：$

難度：流點汗

耗時：一小時

■■■ 在曬得到陽光的窗臺上種些新鮮香草植物，一直是迷人（又實用）的點子。用裝飾膠帶幫這些小花盆進行改造，原本平凡到令人打呵欠的花盆，就能搖身一變，讓你大叫「太棒了，就是它！」

1 在居家修繕賣場、園藝中心或二手店及庭院大拍賣找幾個**小型陶土花盆**。

2 找一些材質**較厚的裝飾膠帶**（我們用的是Michaels的Trim Accents）。

3 用**卡紙**製作紙模，用來包住花盆。

4 裝飾膠帶貼在整個紙模上，修掉多餘膠帶。

5 紙模包在花盆周圍，背後用一小塊**透明膠帶**固定。

Start Here

040

水果籃的五種選擇

太多選擇，太少時間
（又太多水果）。

▲ 大型高腳碗
一直是優雅的代名詞
（這個在Goodwill只花三美元買到）。

▲ 金屬線框籃可以增添
許多魅力。

▲ 假蚌殼是我們好幾年來的
水果盤選擇。

▲ 質樸的木碗為各個角落
帶來自然質感。

▲ 白色幾何刻花金屬籃
時髦又有趣。

041
三種餐桌擺設法

雪莉喜歡開發
餐具擺設的方式，
而我倆都愛吃。
下面是幾個點子…

▲ 試著把你的銀質餐具用餐巾包捲起來，
營造隨性的小酒館風格。

▲ 一顆小柑橘幫白色及海軍藍為主調的餐桌擺
設增添一絲時髦感（吃起來也很美味。）

▲ 這個在二手店以85美分買到的小罐子，
裡頭裝滿開心果，
讓客人有個甜美的驚喜。

042

用新把手讓廚房舊櫥櫃煥然一新

■■■ 你一定很驚訝，原來光換掉舊櫥櫃的把手就能讓空間大大改變。假設你選的新把手與舊把手的洞吻合（例如都是8公分的把手），就不需要木材填料、染劑或油漆，應該在一兩個小時內就可完成這個計畫。

花費：$-$$$
難度：流點汗
耗時：　一到兩個小時

▲ 這個淺藍色門把為空間增添有趣色彩。

▲ 甜美的陶瓷小花充滿魅力。

▲ 這個摩登風格條紋感覺很酷又有線條感。

▲ 時髦的鍍金幾何紋門把散發優雅感。

▲ 光潔、實用主義風格的把手充滿低調的潤澤感。

▲ 草綠色玻璃泡泡把手看起來夢幻又精緻。

▲ 可愛的貓頭鷹門把在鳴叫。

▲ 暗色系的八角形門把精緻沉穩。

▲ 扇形邊飾充滿裝飾細節，總是迷人的選擇。

▲ 這個結合不鏽鋼和玻璃材質的把手看起來有趣又有未來感。

043
混搭桌椅

你的餐桌和椅子並不一定是完美的「一對」，如果分屬不同材質，看起來會更有層次感也更有趣。以下是我們喜歡的搭配方法。

現代感玻璃桌＋深色繡布椅

厚實木桌＋光滑壓克力椅

白色圓桌＋編織椅

深色木桌＋白色繡布椅

044
粉刷廚房櫥櫃

花費：$-$$

難度：很多汗

耗時：一到兩週

■■■ 我們住過的兩個家原本都是過時的暗色系木作廚房，所以很熟悉如何使用這項技巧，讓廚房空間換上全新樣貌（更棒的是，預算低於100美元）。

1 選擇**油漆顏色**和新的**櫥櫃把手**（如果你決定不把舊把手重新裝回去）。評估哪種顏色最合適，就是把油漆色卡貼在垂直平面上（在這裡就是指櫥櫃門上）。此外，注意選的新把手是否能配合目前櫥櫃上的洞，還是要鑽新的把手洞。

2 拆下所有的櫥櫃門和抽屜面板，包括所有五金（如果你還要裝回去，請務必仔細收好所有五金）。把門片和抽屜面板平鋪在寬敞乾淨的工作空間。

3 如果沒有要使用目前的把手孔洞，用**油灰刀**沾些**木材填料**把洞填滿。等填料風乾，再把填充好的表面磨砂到平整。如果有需要，重複同樣步驟，直到木板表面光滑。如果門板或邊框上有你不想要的裂痕或擦傷，請用同樣步驟來消除這些痕跡。

4 使用**磨砂機**和**150號砂紙**把櫥櫃的每個抽屜內部、門板和抽屜前緣都磨砂一次（包括門板後側，還有櫥櫃內部，如果你計畫要油漆這些部分）。不需要磨掉目前存在的污點，但是要把櫥櫃上的亮光漆層大致磨掉，到可以上底漆的程度。

5 用抹布沾**液態消光劑**把門片和邊框全擦過一次。

6 等消光劑完全乾了以後，在所有要上油漆的表面上先上一層薄且均勻的**底漆**。在比較難漆到的地方用**刷子**刷，但是在底漆乾之前，務必要用**小支油漆滾輪**來減少表面的刷子筆觸。請你最愛的油漆店推薦底漆品牌（我們覺得Zinsser Smart Prime很好用），記住如果你之後要上深色油漆，一定要等這層底漆完全著色。

7 等底漆完全乾了，改用**油漆**重複上述步驟。你可能需要塗上二到三層，端視你選擇的顏色。有許多特別為櫥櫃訂製的油漆品項，能夠製造平滑光澤又耐用（我們用的是Benjamin Moore的Advance，有自動流平〔self-leveling〕功能，且低VOC）。所以用這些櫥櫃專用油漆可幫你省去塗太多層的氣力，當然也減少挫折感。

8　在你興奮地要把櫥櫃組回去之前，切記要遵照油漆製造商建議的陰乾時間。你可不想因為太過急躁，就讓剛漆好的門片毀於一旦吧。

9　等每片木板都乾了，先把櫥櫃門和抽屜上的門把或拉環裝回去，從櫥櫃的前方向後方鑽洞（如果需要，使用較小的定位洞先定位）。一直以來，我們都是仰賴五金行買的便宜**鑽洞模板**來加速進行這個步驟。等門把和拉環裝回去，再把絞鍊和抽屜裝回去。

10　把櫥櫃門重新裝回去，然後把廚房裡的東西一一歸位，就大工告成了。

注意：
你可以在younghouselove.com/book看到整個櫥櫃油漆過程的更多資訊和照片。

045
把櫥櫃背板漆上亮眼顏色

花費：$-$$
COST

難度：流點汗
WORK

耗時：一個週末
TIME

■ ■ ■ 　如果你的櫥櫃沒有門板，或是使用玻璃門板，那麼把背板上漆會看起來特別棒。灰藍、青綠、褐灰和淺灰等顏色選擇一定不會出錯。而較大膽的顏色，像是巧克力色、萊姆色、藍綠色、紅色或黃色都能點亮整個廚房。你可以使用容易塗抹的染劑或半亮光漆（因為櫥櫃內部是個大工程），p.80-81的櫥櫃油漆方法也可用在櫥櫃背板。有個快速的方法，你可以用油漆膠帶把櫥櫃內側的兩邊貼起（這樣你就只要漆背板就好），等你塗完最後一層漆，趕快撕下膠帶，這樣線條才會乾淨。接著只要等到油漆乾透，把你最漂亮的碗盤擺上去，就完工了。

046
幫中島漆上與櫥櫃不同的顏色

■ ■ ■ 　在中島（或是櫥櫃上部或下部）使用對比色，可以增加深度和風格。幾個經典的組合色有：深巧克力色染劑和亮白色油漆；深灰綠色和淺灰綠色；棕褐色和淺奶油色；深海軍藍和亮白色。請看p.80-81的櫥櫃油漆步驟教學。

047

拿掉櫥櫃門，
製造開放感

■■■ 各種門有不同的取下方式，但是大多數櫥櫃在兩邊都有鉸鏈，你可以輕鬆旋開螺絲，取下門板和鉸鏈，打造開放式櫥櫃。這樣視覺上會更輕盈的，也是展示常用碗盤及玻璃器皿的好方法（因為是經常使用，所以放在這裡也不會積灰塵）。

048
裝上一盞老舊銅吊燈

花費：$

難度：流點汗

耗時：一天

■ ■ ■ 你可以在Goodwill或 Habitat for Humanity等二手店，用不到10美元的
價格買到老舊銅吊燈。等你完成改造，它們看起來的價值絕對更高。

1 去居家改造賣場買一罐**噴霧底漆**和一罐大膽水果色的**噴漆**，像是紫紅色、西瓜紅、檸檬黃、柑橘紅或萊姆綠（當然清單可以無限延伸）。至於深藍色、茄子色、深祖母綠、深灰色等較低調的顏色，看起來也會很美。當然，亮黑（或霧黑）、白色永遠不出錯。

2 用濕抹布把吊燈擦乾淨。摘下燈泡。用**油漆膠帶**把燈座插口貼起來保護。你不會希望它們被噴漆弄髒的。

3 在吊燈上噴上二到三層非常薄且均勻的底漆，再噴上三到四層一樣薄而均勻的噴漆（我們用的是Rust-Oleum's Painter's Touch的Gloss Purple）。如果你知道怎麼使用髮麗香定型噴霧（瞄準、按下噴頭、一直保持瓶罐移動），就會使用噴漆（前提都是讓罐子一直移動，寶貝）。

4 等漆完全乾透，賄賂擅長電工的朋友來幫你把燈裝回去，或者你也可以在YouTube上找一部清楚的教學影片。（基本上，你得先關掉電源，然後按照你拆卸電線之前的方式，把電線再接回去。）你也可以請水電工來做，只是要額外花50-100美元。

幾個噴漆使用基本技巧

噴漆可帶來美好結果，也可能搞得又髒又亂。以下是幾個我們最愛的訣竅。

＊捨棄便宜的2美元產品，改用6-7美元品質的商品。（我們喜歡Rust-Oleum的板機式噴嘴，因為它讓油漆能夠散布得均勻且薄，也能避免油漆沾得滿手都是。）

＊噴嘴要離上漆的物件20-25公分遠。

＊一定要讓罐身持續移動。一邊噴，手臂要記得旋轉移動。

＊三層又薄又均勻的漆遠比一層又厚又黏的漆來得好。你是要製造出薄霧感，而不是厚重黏濕的塗層。如果看到噴漆表面出現滴狀，就是塗太厚了。

＊目前還沒有無VOC的噴漆，所以操作時請在戶外進行，務必配戴口罩。完成後要按照指示的時間在戶外陰乾（通常是24小時，但我們都盡量加倍陰乾的時間。）

＊你可以在燈具上塗兩層薄薄的低VOC且無毒的嘉實多Acrylacq，這樣可把噴漆給「封」起來（減少燈具掛回室內後排放的毒氣）。

如果是較小型物件（吊燈、畫框、燈座、小凳子和金屬邊桌等），我們通常會使用噴漆；但如果是較大型物件（書桌、桌子和衣櫃等），建議使用小支油漆滾輪。

049
刀具儲藏方式

花費：	$	
COST		
難度：不流汗		
WORK		
耗時：一小時內		
TIME		

■ ■ ■　我們有兩三把經常使用的刀子，常常散落在廚房各處——你知道的，就擺在砧板或窗台上，看起來有點凌亂，更嚴重的是有點像連續殺人魔（我們真的喜歡《夢魘殺魔》〔Dexter〕…）。這些方便的刀具儲藏方式看起來絕對好多了。另外，咖啡豆的那個版本聞起來香極了，連我們不喝咖啡的人都這麼說！

1　找個瓶身比你手邊刀子的刀身來得高的**瓶子**（不用比刀柄高）。

2　瓶子裡裝滿**生的**義大利麵、米或咖啡豆。

3　刀身向下，把刀子插進去（之前你最好先把刀子擦乾或風乾，才不會黏上米粒或咖啡豆）。

4　你可能要幾個月就清洗一下咖啡豆／米／義大利麵，徹底乾了以後再重複使用。

050
移去一些壁櫃

如果房間中充滿櫥櫃，移走一些較少用到的壁櫃，馬上就能營造出更通風寬敞的感覺（壁櫃通常用螺絲鎖上牆面，所以螺絲彼此相接，只要移除幾根螺絲，就能輕鬆移走壁櫃）。在原本壁櫃所在處，你可以掛上層架、你最喜歡的藝術品，甚或是一面鏡子，讓空間開展並增添趣味。

051

幫餐櫃製作蝕刻玻璃罐

花費：$

難度：流點汗

耗時：一小時

■■■ 我們像書呆子一樣，用週期表幫麵粉罐和糖罐做標記，當然你也可以雕一些最簡單的單字或圖案，只要有一些貼紙、一把刀和一些玻璃蝕刻膏就搞定。不必穿上實驗服。

1 從辦公室用品店買來**貼紙**，在貼紙上印上你想要的圖案和字詞。

2 把設計圖貼在乾淨的玻璃容器上，然後用**筆型美工刀**把圖案或字詞刻下來（別擔心，這不會傷到玻璃）。

3 撕掉貼紙，露出你想要蝕刻的地方。

4 拿出你的**蝕刻膏**（網路上或手工藝品店都可買到），然後遵照包裝指示，完成你的設計。我們發現，如果蝕刻膏留在瓶身上的時間達到最長建議時間，蝕刻的結果較整齊（你有沒有發現我們麵粉罐上的蝕刻字比糖罐上的更乾淨俐落？）。活到老，學到老。

Bonus tip

我可以建議你們蝕刻一個狗狗點心專用罐嗎？

完美的不完美

居家DIY計畫通常都會有點不完美，但就是這種特質讓它變得迷人。它們不是大量製造，也非由機器製造的產品，所以可能會有一兩個記號顯示它是人工親手帶著愛製作的物件。擁抱不完美或奇特感；記住，在許多高級商店，手作感的商品往往最貴（它們經常用機器來製造做舊感，讓物件看起來更破舊、不協調）。我們不會說我們在書中的DIY成果是完美的。所以記住，當你為二手店買來的衣櫥塗上油漆（誰會注意到後方角落的幾滴油漆？），或是幫床頭板或椅墊繃布（圖案偏斜了2.5公分又怎樣？），這都已經比什麼都不做進步許多了。

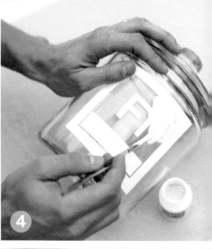

罐子一個5.99美元，在Target買的。

052

用經濟實惠方式
讓餐櫃升級

■■■ 如果你不喜歡你的餐枱，想換掉，不一定要花上大筆錢選用大理石或花崗岩。越來越多的設計師廚房使用平價質材（但還是一樣好看），像是屠宰砧板和灌漿水泥板（diynetwork.com、instructables.com和concreteexchange.com有一些很棒的線上教學），甚至可麗耐人造石的堅硬表面也是很好的選擇（可選擇經典又平價的白色）。更棒的是，這些材料不只平價，也很中性，看起來不會過時，十幾二十年過去，如果想重新裝潢，也不會太難搭配。

053

幫餐廳找到
大小合適的地毯

你通常會想幫餐桌找一張夠大的地毯，這樣拉出椅子時，才不會擔心椅腳落到地毯之外。這張地毯不只要實用，還不能讓餐桌看起來太狹窄，要讓整個用餐空間有更開闊的品質。讓物件有呼吸的空間總是好的。

054
重新幫餐椅繃布

花費：$-$$
COST

難度：流點汗
WORK

耗時：一小時
TIME

■■■ 我們知道，「幫椅子繃布」這點子很棒很時尚，但是如果你從來沒做過，這個點子聽起來像是大工程。我們怎麼會知道呢？因為有段時間，我們也不敢碰這類計畫。但現在既然嘗試過了（而且還存活下來），我們敢向你保證，這可不是什麼大腦手術或火箭科學等大工程。所以，以下方法告訴你如何幫舊椅子換上新繃布，增添又一個讓你驕傲的改造作品。

1 首先，取下椅墊。通常只要在椅子下方，鬆開幾根螺絲就能取下椅墊。

2 椅墊放在選好的新**布料**上（如果布料有圖案，確定圖案有放正置中），然後測量椅墊大小，在各邊各加5公分，依此尺寸剪下一塊布料。

3 剪下的布料放在椅墊上，椅墊和布料反過來面向下放置，然後拉緊椅墊各邊下的布料，用**釘槍**固定在椅墊上。記得在釘的過程中，要拉緊布料，保持平直。每5公分就下一次釘槍，以牢牢固定。

4 釘的時候，不時翻到椅墊正面，查看繃布布料是否拉緊、置中、無皺痕。你不希望下了40釘後翻到正面，才發現出了大問題。記住，如果你的布料看起來太鬆太歪，可以用平頭螺絲起子撬起幾根釘針，重新再做一遍。

5 等到要釘角落時，假裝你是在包裝禮物。把布料摺起，摺疊處藏在椅墊下方，這樣椅墊上方看起來會緊緻飽滿。在釘每個角落前先把椅墊翻過來，確定是否達到你想要的樣子再落釘，這樣會有幫助。

6 等你釘完，得到全新風貌的椅墊，再依照一開始的方式，從下方把椅墊鎖回去。

7 太棒了，你完成了。當然，如果你想要精益求精，把椅子染色或上漆也是可以的（但這些在椅墊裝回去前完成會比較好）。

這張椅子是在二手店買的，只要7美元。

注意：你可以上younghouselove.com/book找到更多重新繃布的資訊和照片。

055

為廚房製作奇妙的展示盒藝術

花費：$

難度：流點汗

耗時：一小時

■■■ 這是你搜集與廚房相關的「珍奇」事物，並以科學方式展示它們的機會。比方說，把一排乾燥義大利麵，以標本的方式標上標籤，再排進展示箱裡，看起來真的很酷。當然你也可能覺得我們瘋了。（嗯，我們可能真的有點…）言歸正傳，你也可以展示不同茶包、乾燥豆子或咖啡豆。要讓它看起來有趣的關鍵在於，試著創造出科學實驗室的氛圍。技客風（Geek）是新的時尚潮流。

▲ 超簡單祕訣第一條。
如果你對插花感到緊張，
就全部使用同一顏色的同種鮮花。
這種插法看起來精緻，
也比和滿天星及其他種類花材
奮鬥容易得多。

▲ 一束花分成幾小束，
分別插在幾個小型花瓶
是不會出錯的方式——
只要剪去一點花莖，
插進花瓶就好了。
（水！別忘記加水！）

▲ 笛形瓶是你的好友。
可讓花莖自然展開，
省去你許多力氣。有時你會發現，
你經常購買的那種花瓶，
就是讓花卉成為主要明星的
笛形瓶。

056　不要害怕花卉

　　告解時間。有段時間，我們不知拿花卉怎麼辦才好。直到
我們破解了密碼。我們不是花藝大師，但是這幾個快速訣竅能夠
簡化過程，幫你在沒有花卉恐懼的狀況下，讓家中鮮花朵朵開。

◀ 這個可愛的小型仕女瓶不會出錯，
無論有沒有插著花。如果我們要插花進去，
會選擇簡單的白色花卉，讓花瓶本身成為主角，
或是選擇同色調的花卉（像是黃色鬱金香），
製造時尚的單色系效果。

▲ 這不是有關鮮花的訣竅嗎？
花朵呢？嗯，有些花瓶
還沒插上花就美到不行，
所以當買花的預算不夠時，
一個像這樣閃著光澤的
展示花瓶仍可讓你微笑。

▶ 與前面幾個美麗的花瓶一樣，
這傢伙到哪裡都會因為英俊外貌而
無往不利（記住：插不插花都可以），
但是選擇同一種花卉整理成球狀插進瓶中
（如紅色康乃馨、黃玫瑰或白菊花），
看起來會很俐落。

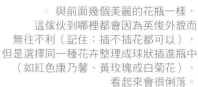

057

幫花瓶找乾燥花以外的填充物

■■■ 從酒瓶軟木塞到生糙米，再到咖啡豆或未去殼的胡桃，放進花瓶都可以有優雅外觀，還不用花到什麼錢。嗯，你家後院或許還長著你可使用的素材。我們看過最漂亮的餐桌中心擺飾，就是簡單地在一個碗內裝滿水，擺一朵從花園摘下的花。其他可以考慮的素材還有：

＊緞帶

＊銅板

＊貝殼

＊乾燥義大利麵

＊骰子

＊彈珠

＊骨牌

＊石頭

058

幫桌旗噴漆印花

COST	花費：$-$$	
WORK	難度：流點汗	
TIME	耗時：一個下午	

■■■ 有時，找一面無趣老舊的基本款桌旗，比找到你心目中完美圖案和顏色的桌旗來得容易得多。你只要做些加工，就可以把基本款改造成你想要的夢幻款。

1 在**空白的布質桌旗**上，擺上一塊可愛的有圖案蕾絲剩布。最好在戶外墊一塊布再進行下列步驟。

2 用**布料噴漆**輕噴，把整面桌旗噴上你想要的顏色，注意要依照使用說明做，不要噴太大力（我們用的是Jo-Ann Fabric的紅銅色噴漆）。

3 等整張桌旗都噴滿漆，小心移去上方的蕾絲，露出下方呈現蕾絲花紋的桌旗。

4 等待足夠的陰乾時間，然後依照布料噴漆指示，直接使用桌旗或清洗後再使用。

059

史黛芬妮的世界地圖櫃

客座部落客創意

部落客
史黛芬妮・史奇亞達（Stephanie Schiada）

部落格
Brooklyn Limestone
（www.brooklynlimestone.com）

居住地
紐約，布魯克林

最愛的配色組合
銀色＋金色（有時是金屬鎳色＋黃銅色）

最愛的裝修工具
釘槍

最愛的房間裝飾法
使用一些老東西

有一次我在跳蚤市場閒逛，看見一個受損但是價格可親的餐具櫃。我喜歡它的形狀，額外的儲藏空間也很棒，尺寸也剛好能代替沙發桌。它表面的拋光狀況不佳，樣子也太過傳統，和我理想中的餐具櫃有點不同。但是我知道，發揮點想像力，這些缺點都可以修補。對我的中性調客廳來說，會是增添個性的最佳畫布。

材料

＊餐具櫃（衣櫃、碗櫥或餐桌都行）

＊金屬色澤工藝顏料

＊油漆刷、油漆滾筒和小支刷筆

＊TSP溶劑（居家修繕用品店販售的清潔劑）

＊投影機（試著向學校或辦公室租或借一台）　＊磨砂機和砂紙

＊透明投影片　＊半亮光漆

＊聚氨酯密封劑（視情況用）

1　清潔。把餐具櫃的把手五金都取下後，我先用TSP溶劑和水清洗掉幾十年來積在櫃子上的灰塵，以此作為餐具櫃改造的第一步。

2　磨砂。等餐具櫃乾透，拿出磨砂機，大致將櫃子上漆的那面磨過一次。櫃子頂端情況特別糟，有好幾個大塊鑿痕，所以我多花了一些時間磨這裡，一直磨到木頭變得平滑。

3 **上底漆。**餐櫃完成磨砂後，拿出油漆刷和滾輪，用孔雀藍來賦予它新生命。（我用的是Martha Stewart的Plumage）。我喜歡這個顏色，但還需要多些裝飾。

4 **選擇重點色。**我知道如果添加一些金色，可與房間其他金屬色澤呼應，也增加亮點。我在許多圖案選擇中掙扎（山形紋路？仿木紋？條紋？），後來才意識到自己熱愛旅行，一幅世界地圖，會是為這個物件增色的最好方法。

5 **使用投影機把圖案描上去。**我找到一張可轉印到投影片上的地圖，然後拿出投影機。（沒錯，就是很多年前你在學校看到的那種！）我拉上窗簾，把燈關掉，讓地圖的投影顯現出來。

6 **再次油漆。**我拿起小型油漆刷，用不穩的手把地圖的輪廓畫在餐具櫃頂端，然後在輪廓內塗滿顏色。想要有美觀堅固的塗層，就得塗個好幾層，但是這幾乎不需要任何技巧或美術能力。

我原本計畫讓餐具櫃風乾30天後，再上一層聚氨酯來保護拋光漆，但是神奇的是，我的塗漆相當堅固，不需要再上保護層。所以，這比我想像中的還容易完成。看吧！全世界就在我的客廳裡！

060

製作樹枝燭台

- 🐷 花費：0-$
- ⚙️ 難度：流點汗
- ⏰ 耗時：一小時

■■■ 這個是把戶外感帶進室內的好方法。尤其是樹枝不用錢！

1 找一段看起來很有趣的**樹枝**或落下的**樹幹**，樹枝上一定要有幾個結點至少有7-8公分厚。

2 樹枝放在車庫幾天，甚或丟進冷凍庫一天（如果大小ok），以確保樹枝完全乾燥，也沒有長蟲。

3 用**鑽子**和**大型圓形鑽頭**（4.5公分的鑽頭，在五金行買要6美元），鑽出三到四個小圓形，每個相距約12公分，用來放置玻璃燭台。

4 裝了**祈禱蠟燭的玻璃燭台**放到剛剛挖好的洞上。燭台裡放的是祈禱蠟燭，比單擺沒有玻璃保護火燄竄出的蠟燭要安全得多。我們是在Target買到的。

5 點燃蠟燭，沉浸在燭光中。

靈感卡住？感到挫折？疲憊不堪？這都是DIY過程中的常態

* **人人都會犯錯**。舉例來說，我們用平光塗料幫鑲邊飾上漆，結果要重新再來一次。這糟透了。但是我們邊做邊修改過程（也在過程中學到一些教訓）。把錯誤看成你正在前進的徵兆，而不是讓你停滯不前的原因。如果你已著手做某件事，就算結果是錯的，那還是教了你，下次要如何更快、更正確完成。

* **體驗改變**。如果有些物件不再符合你的風格，別自責。你總是可以把它們放到網上賣，或是重漆它們，甚至是幫它們找到新用途。強迫自己去擁抱無法忍受的物件，遠比讓你的房間成長更難受。

* **放輕鬆，不過就是裝潢而已**。當我們受不了事情出差錯，或是受夠整個過程的漫無止盡，我們喜歡說這句話。事情難免出問題，有時預算或是時間有限會讓你失望，但是好好深呼吸幾次，記住沒有人的性命會因此受到威脅。

* **堅持下去**。掛上藝術品，不喜歡，可以在十分鐘內把釘孔填補好。油漆不喜歡，大可重漆一次。幾乎每種裝潢決定都可以輕鬆除去。而且，你可能會喜歡自己的大部分作品，所以最後只有一點點真正的錯誤需要修補。

* **最後**，一切都是值得的。相信我們。

我們花不到9美元
就完成這個計畫。

THREE 打個盹

當你還是小孩時，你能擁有相當影響力的空間，就只有你的臥室。你可以掛上「街頭頑童」（New Kids on the Block）的海報，或是在寵物吊床上擺滿填充玩偶。（對，我是穿著破洞牛仔褲做這事。）有時，你甚至被允許選擇牆面的顏色，或是添加一些個人化的細節。我其實曾在衣櫃門上漆上雲朵，約翰也承認曾用不只一種加菲貓玩偶來裝飾房間。（他對那隻愛抱怨、愛吃義大利千層麵的貓咪有莫名喜愛。）約翰還以實境秀「真實世界」（The Real World）各季的主角為題材，在臥房做了「藝術」拼貼。我好像還貼過海豹寶寶的野生動物海報。沒錯，我們把房間變成自己的祕密基地，玩得很開心，因為出了這裡，我們對裝潢就沒什麼發言權了。（真不懂為什麼。）

就算長大成人，通常也只有你和親密家人才可進入臥室。所以既然你不會在這裡款待客人、娛樂友人，這裡是你可以自由嘗試各種裝潢樂趣的空間。

舉我們第一棟房子的主臥室為例，那裡完全缺少衣櫥空間（只有一個尺寸迷你，約平常一半大小的衣櫃，可憐的我們得共享）。住在這裡一段時間後（一邊想著有哪些可能的解決辦法），我們決定要做一些不太正統的改造。我們在床的兩側各加上一個與天花板齊高的衣櫃，罩上簾子，加上頂座，讓它看起來像內嵌於牆壁內的櫃子。這就創造了舒適的小憩處，還有許多隱藏的儲藏空

雪莉說

臥室改造創意 >>>

間。這絕對不是你平常會看到的方法，可能也不是適合大家的好選擇，但是對我們就是魅力無窮。

當我們把房子賣掉時，得知新屋主計畫搬進一個king-size的床，也就是說要把我們的內嵌衣櫥完全拆掉。起初，我們很難過也很困惑，為什麼會有人不想讓衣櫃空間變大三倍，睡在對我們還算寬敞的queen-size床就可。不過，最後我們理解，臥室是私人空間，就像是我們掛的街頭頑童或「真實世界」海報，當說到如何讓臥室有家的感覺時，每個人都有不同的想法。

當我與莉翰相識，
他還留著這條睡毯。

現在還別看，可我的牛仔褲正對你眨眼。

061

製作繃布床頭板

花費：$-$$
COST

難度：流點汗
WORK

耗時：一到兩小時
TIME

Start Here

■■■ 沒有床頭板，「臥室簡直就像還沒裝潢完成」。所以，何不自己做一個？

1　除了裁切一段夾板木框，我們還有一個最愛的選擇，便宜又簡單，就是去美術用品店買木質**畫框**。這種框很棒，很輕，方便掛到牆上，跟夾板框不一樣。畫框有各種尺寸，通常可以找到適合你所需的大小，不用自己裁切木頭，只要組合你想要的大小的木

框即可（我們的雙人床床頭板大小是60×137公分）。

2　把成捲的**繃布海棉**鋪在地上，再把畫框放在上面。裁剪你的繃布海棉，每邊都留幾公分，好拉緊釘在畫框上。

3　拉緊各邊的繃布海棉，用**釘槍**把海棉固定在畫框上。我們先在12、3、6和9點鐘方向先釘上釘針，拉緊海棉，才不會隆起。沿著畫框下緣釘，每8-10公分下一釘，釘到角落時，用包裝禮物的方式（摺到後面，前端看起來很漂亮，角落也很乾淨）。如果你的床頭板沒有想像中的膨，再加一到兩層海棉。

4　接下來與釘海棉的過程一樣，把**布料**裁剪成比畫框各邊多幾公分。要注意，在下釘之前，確保布料上的圖案擺正置中。接著用釘海棉的方式，把布料釘上去，每下幾釘就檢查一下，確保圖案沒有起皺或是偏離中心。務必要拉緊，這樣成品才不會鬆鬆的。

5　等床頭板完成，你只要把它掛到牆上。畫框很輕，應該用幾根**螺絲**就能固定住。

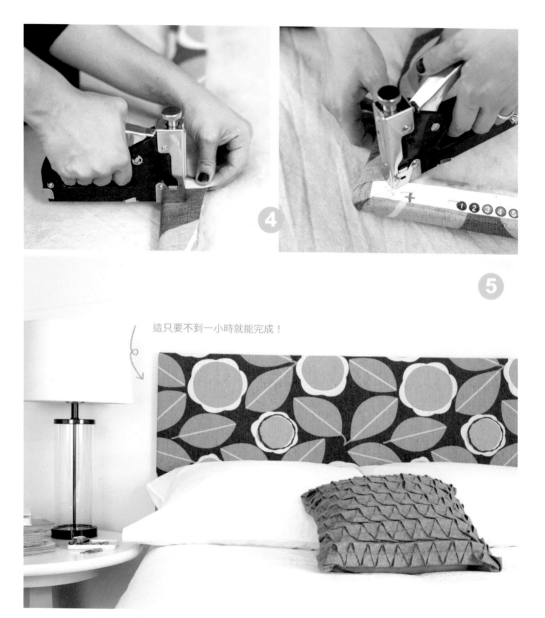

這只要不到一小時就能完成！

注意：請上younghouselove..com/book看更多製作繃布床頭板的資訊和照片。

062　一床三風格

▲ 深藍和灰色等沉穩色調很穩重，幾何圖紋則增添細緻感。

▲ 深色寢具感覺既奢華又有包覆性，
葉紋靠枕則增添趣味。

▲ 白色羽絨被＋色彩＋圖案＝
活潑風格。

063

增加床頭燈

花費：$-$$$	
難度：流點汗	
耗時：一天	

■ ■ ■ 擁有一盞從床上就可關掉的燈，是很奢華的事。以下是一些選項。

＊ 在床邊桌擺上桌燈

＊ 壁燈

＊ 懸臂燈

＊ 懸掛式吊燈

這些都可以找到插座式的版本，所以你不需要找專家來幫你安裝；但是請五金專家來安裝，可能也只要100美元就好（這對你自己或是伴侶來說，或許是很棒的生日禮物）。又或者，你可以嘗試五金行的平價遙控開關。說真的，當你不需要假裝你已經睡著，好避免起身關燈時，人生變得更快活了。

064

幫床頭板「套上罩子」

把一塊掛毯或毯子掛在床頭板上，換來嶄新風貌。這樣做就對了。

065
徒手壓印羽絨被

如果你手邊有一組平淡無奇的羽絨被，等著要有一絲驚奇，或許該是拿出織品染料，準備好印模的時候了。

1. 選擇合適的**織品染料**（我們使用Lumiere by Jacquard的Met Olive Green），到手工藝店或上網選購你喜歡的**印模**。

2. 在紙上或碎布上先測試你的印模，看看怎樣才能得到最清晰的印紋。我們喜歡用**海綿工藝刷**把顏料輕沾到印模上的方式。

3. 等你滿意印模測試結果，開始在羽絨被上壓印。試試鋸齒狀排列，或是只繞邊緣壓印一圈。

4. 遵照織品染料的指示清洗及固色，再使用羽絨被。

翻開印模看看壓印後的樣子！

066
添加舒適的假壁爐

花費：$-$$$

難度：流點汗

耗時：一天

好有氣氛啊！

◎◎◎◎ 介紹一個讓臥房無聊角落溫暖起來的方式。

1 買一個二手壁爐架（許多建築回頭商品店可買到；我們也曾經在二手店和Craigslist看過）。

2 你可能會想幫壁爐架上個底漆，重新上色，讓它煥然一新。（如果房間內有同樣顏色，白色半亮光漆看起來會很棒；但是你選什麼顏色都不錯，比方深木色染劑。）

3 把飾釘鎖上**螺絲**，或是用**固定壁虎**把壁爐架固定在牆上。你可能要取下一小部分護壁板，或是裁切掉壁爐架的一小部分，這樣才能穩穩靠在牆上。

4 在壁爐裡裝上一些蠟燭，有助營造「真」壁爐的感覺，也可以在壁爐架上擺一些藝術品。

067
考慮床邊桌的替代品

如果你房間沒有空間放一張合適的床邊桌，可考慮裝壁架，上面可放小型書桌燈。又或者你可以在床後方放一張長型玄關桌，或擺個書架，成為時髦版的床頭板。噠啦！這是一個可以放鬧鐘、小物和《哈利波特》小說的空間。

068

在牆上畫一個床頭板

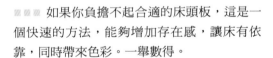

如果你負擔不起合適的床頭板,這是一個快速的方法,能夠增加存在感,讓床有依靠,同時帶來色彩。一舉數得。

1　如果你裝潢其他房間時,有剩下的**油漆**想要繼續用,儘管去拿。或是到店裡買油漆。我們用的是Benjamin Moore的Hale Navy。

2　使用**油漆膠帶**和**水平儀**,在床後方的牆面貼出一個簡單的長方塊。(讓方塊和床墊一樣寬,這樣才有平衡感,標準尺寸的床要有80公分高。)

3　用**油漆刷**或**小支油漆滾輪**把這個長方形塗上油漆。二到三層應該就可以了。

4　馬上移除油漆膠帶(如果要有最乾淨的結果,要在最後一層漆乾之前撕掉);等待油漆乾的時候,先到沙發打個盹,慶祝你有了新的假床頭板。

注意:
你可以在大張卡紙上描出更精緻的床頭板形狀(或是由可黏式卡紙或海報板做成模板)。接著在牆上描出這個彎曲或幾何圖形。小心用油漆膠帶貼出輪廓,或是用小支油漆刷描出邊界。接著把輪廓填滿即可。下面是幾種形狀建議。

花費:0-$
COST

難度:流點汗
WORK

耗時:一個下午
TIME

我們把一張紙模描在牆上，然後用油漆填滿，
完成了我們的床頭板。

069

把衣櫃門板
換成其他東西

再見了！
醜門！

■■■ 如果你就是很討厭很討厭你的衣櫃門板，可以把它換成其他東西。像是……

＊門簾

＊農舍門或很酷的工業滑軌門

＊掛上一條條彩帶，製造出通風且有趣的門簾

＊百葉窗

＊可滑動的布板

你也可以連衣櫃門都不要有。（把衣櫃內部上漆，添加亮白色的帶籃層架，或是其他亮眼色彩的儲物盒都可以。）你甚至可以在裡頭再塞一個抽屜櫃，製造出開放角落的感覺。移去衣櫃門讓東西更方便取用，也讓空間感覺上更大，因為眼睛有更多角落和縫隙可以瀏覽。

070

抽屜底部
貼上圖案紙

※ ※ ※ 你的衣櫃抽屜不想有無聊的外觀。打開抽屜，看到令人愉悅的圖案紙排列在底部，會讓你擁有開心的小祕密。從手工藝用品店買來的圖案紙，或是漂亮的包裝紙都可以用。完成後，把洗好的衣服放回去甚至會變得更有趣。

1. **包裝紙**或**裝飾紙**裁成每個抽屜底部的大小。（你可以用拼在一起的影印紙做為模板）。

2. 用雙面膠黏在抽屜的每個角落和中間，把圖案紙黏上去。

3. 為了讓裝飾紙更牢固，你可以拿出熱熔膠槍，使用**黏膠**（像是Mod Podge萬用膠）。如果你用的是黏膠，放回衣服時，請確定膠水已乾透。

071

製作抽屜架

花費：$-$$
COST

難度：流點汗
WORK

耗時：一天
TIME

▨▨▨ 這是書架的即興版本，但風格更自由，也更有趣。

1　在二手店或庭院大拍賣找三個堅硬的抽屜。

2　把你選中的抽屜**染色**、**上漆**、**剪貼**、**印染**或**貼上壁紙**。

3　使用**耐重壁虎**和**螺絲**（或是用長螺絲鎖進牆柱架），把抽屜固定在牆上。

4　把你喜歡的東西擺滿抽屜，就像你對層架或書櫃會做的一樣（但是這些比較酷，因為它們是**抽屜**！）。

072

床邊桌三變

神奇的是，你可以把一張床邊桌變出許多不同風貌，這都要感謝油漆、新把手和一些巧思。（參見p.276，看完整的家具油漆教學。）

▲ 亮白色漆
✛
自然木質托盤
＝
時尚摩登感

▲ 不鏽鋼把手
✛
手工藝店買來的軟木片（用黏膠固定）
✛
裝在底部的便宜滾輪
＝
工業感

▲ 亮色系
✛
趣味把手
＝
大膽又歡樂的氣氛

073

製作風化木
床頭板

花費：$$

難度：很多汗

耗時：一個週末

■ ■ ■ 如果你不喜歡絨布或布質床頭板，可以DIY一個好看又質樸的版本來取代。我們只花了30美元就完成這個計畫。

1 如果你夠幸運，手邊就有一些風化木頭，那麼直接跳到步驟3。如果沒有，到木材場或居家修繕用品店買一些**木板**，裁切成你床頭板想要的寬度。居家修繕用品店通常能夠當場為你裁切木頭（讓你更方便搬運，回家後也更容易裝拼）。你還需要**兩條木支架**，裁切成床頭板的高度，或稍短一些（我們使用兩條2.5公分×8公分的木板）。見步驟3，有更多細節。

2 關於讓新木頭有老舊感，我們最喜歡的技巧是粗暴地對待木頭一會（試試用螺絲刮它，或是用一袋釘子在木板上拍打）。接著用150號**砂紙**將木板打磨至平滑，使用豐潤老舊色澤**染劑**染色，務必遵照染劑罐身的指示使用。我們用Minwax的Dark Walnut來染色木頭。

3 等染色的木板乾透，把它們正面朝下，按照你的床頭板規畫，排在地上。拿出兩根裁成床頭板高度的木支架，垂直放置於木板兩端。用幾根木螺絲固定木板，確保所有木板和支架都穩固。

注意：

如果你不想要支架露出來，從木板上下緣將支架裁剪幾公分。依據床頭板寬度不同，你可能會想添加第三或第四根支架。

翻到下一頁，看看我們如何製作這面黃色鏡子！

4　你的床頭板會很重，所以在床後方的牆上找幾根立柱（stud）來鎖上床頭板。或是在床頭板上加幾支**耐重金屬鉤**（鎖在木板背後）和一些強力**吊索**，這樣就可以掛在耐重壁虎上（或是掛在鎖在立柱的螺絲上）。又或者你可以裁切5×10公分大的小方塊，加在床頭板下做腳柱，讓床頭板能夠站在床和牆壁間。

注意：請上younghouselove.com/book查看更多這個計畫的資訊和照片。

074

製作尖樹枝鏡

花費：$

難度：流點汗

耗時：一個下午

■■■ 這個計畫的成品看起來像是太陽光芒鏡，但與太陽鏡相比，特別多了，充滿自然質感。此外，如果想要表現個人色彩，把戶外感帶入室內，這樣從不會出錯。我們在Michaels用12美元買到這個樹枝花環，噴上幾層亮黃色噴漆，用耐重黏劑把花環黏到在Hobby Lobby用3美元買的20公分鏡子上。結果呢？用不到18美元就換來一個時髦的64公分鏡子。

翻到上一頁
看看成品的樣子！

075
製作有趣的雲朵層架

■■■ 這個計畫非常有趣簡單。選顏色時，與後方彩繪白雲相配的白色層架無疑是非白色牆面時的最好選擇（我們的牆面是Benjamin Moore的Moroccan Spice），但是你可以把層架漆成任何顏色（如天空藍、銀色、綠松色），再把雲朵也塗成同樣顏色。

1 **開放式壁架掛**在牆上你喜歡的地方（Ikea、Bed Bath & Beyond和Target都有賣便宜壁架）。

2 輕輕在層架上方畫出雲朵形狀，同時沿著層架頂端畫一條線，才知道畫到那裡就好。

3 層架移除，如果你無法輕易移下，用**油漆膠帶**貼住層架，避免層架沾上油漆；使用小支油漆刷把白色油漆塗滿

雲朵輪廓。（選擇與牆壁拋光漆同色的3美元油漆試用品就能完成。）
訣竅：你可能會想把幾種不同色調的白色油漆帶回家，選擇與層架顏色最接近者，塑造整體感。

4 如果需要，塗上第二層油漆，讓覆蓋性更好。

5 等油漆乾透，就大功告成！在層架上放一些有趣物件，欣賞這幅美景。

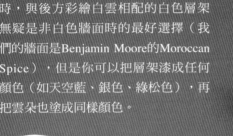

造型變變變
你並不一定要畫雲朵圖案。也可以在層架上方添加大型風帆，並在層架下方畫個半圓，創造出一艘船在航行的圖案。又或者你可以在層架後畫四葉草或曲線形框，為大人使用的空間製造時髦感。

076

用壁紙裝飾抽屜櫃

花費：$$$
COST

難度：流點汗
WORK

耗時：一個下午
TIME

■■■ 如果你實地做過，這可能會是你最喜歡的改造計畫。所以，花點時間找到你喜愛的壁紙，然後開始玩樂！

1 找一個前端平坦，無突出把手的便宜**抽屜櫃**。

2 找一些激發你熱情的壁紙。取出抽屜，正面朝下放在壁紙上，仔細描出抽屜形狀，再把壁紙裁剪成抽屜前端的大小。

3 用**壁紙膠水**或**耐重噴膠**來把壁紙貼上抽屜前緣，遵照膠水或噴膠容器上的使用說明做。

4 你可以在為抽屜前緣貼上壁紙之前，先把抽屜櫃漆上新色彩。

O77

一個臥房
兩種風貌

你有很多種風格為臥房定調:酷、詳和、溫暖、包覆感、有活力、大膽等,確實有許許多多可能。所以下面是同一個房間的兩種風貌,其中一個呈現乾淨時髦風貌,另一個則是精緻傳統風格。

1 線條乾淨的家具搭配雅緻的燭台燈和俐落的羅馬簾,營造出旅館般的時髦氛圍。

2 曲線造型的大尺寸床頭板搭配上長毛絨床罩和大型檯燈,創造出優雅傳統的效果。

078

凱特的衣櫥改造

客座部落客創意

部落客
凱特・萊利（Kate Riley）

部落格
Centsational Girl
（www.censationalgirl.com）

居住地
北加州

最愛的顏色組合
灰＋白＋任何重點色（粉紅、藍色等）

最愛的圖案
細緻的幾何圖紋或印花

最愛的DIY夥伴
我超厲害的丈夫，麥特（Matt）

當我開始把兒子的幼兒房改造成大男孩的房間時，知道他需要的第一件家具就是很棒的抽屜櫃，可以提供許多儲物空間，並與房間的風格相配。我老早就看中Ikea 的Hemnes抽屜櫃，最後上Craigslist用零售價的半價買到了一個。這筆交易很划算，因為這張抽屜櫃的狀況很棒，但是我計畫用海邊當這個空間的主題，抽屜櫃的黑色拋光漆對這主題來說太暗了。別擔心！只要一些底漆和油漆，就能讓它改頭換面。

材料

＊抽屜櫃 ＊油漆刷 ＊油漆膠帶

＊砂紙和磨砂機 ＊油漆

＊底漆（試試 Zinsser的油質Cover Stain 底漆）

＊小型泡綿滾輪 ＊噴漆（用於把手）

1 **準備好抽屜櫃。** 開始前，我把把手都移除，然後把抽屜裡面都貼上油漆膠帶，保護內部不沾上底漆和油漆。

2 **上底漆。** 當你要把原本為暗色的物件漆上亮色時，最好先上底漆。好的底漆（如Zinsser的Cover Stain）可蓋住透出的暗色，確保油漆盡可能持色，減少日常使用的耗損失色。我用泡綿滾輪上一層均勻底漆，再刷上一層油漆。除了油質底漆，我還用倍耐久護木油（Penetrol）來保護底漆，減少刷過的痕跡。

3　磨砂。為抽屜櫃和抽屜前緣上兩層底漆，增加耐用度後，再用磨砂機整個磨過一次。

4　上基底色。我幫抽屜櫃上了兩層白色漆（True Value的Calming Sensation），放乾48小時。

5　畫上線條。為了製造這些線條，我小心翼翼使用油漆膠帶把櫃子各邊貼住，然後用小支油漆刷漆上第一條灰藍色線條（試試True Value的Artistic），10分鐘後再漆上第二層。我發覺保持完美線條的關鍵在於趁油漆還未乾時，撕去油漆膠帶。

6　別忘記細節。我用噴漆把抽屜櫃的把手噴上巧克力棕色，與復古基調的灰藍搭配，呼應室內窗簾上的棕色幾何印花。

現在，抽屜上俐落乾淨的藍色線條與白色油漆形成強烈對比，而方形藍色線條也為原本平凡無奇的抽屜櫃增添很棒的男孩子氣。

079

製作繩編床頭板

花費：$-$$
COST

難度：流點汗
WORK

耗時：一個下午
TIME

■■■ 麻繩粗糙的質感，與柔軟溫暖的寢具放在一起，看起來很棒。市面上有許多編織床頭板，價格往往超過200美元，而你在床上總會把枕頭墊在背後，坐起身來閱讀，所以根本不會被這種增加趣味的設計給磨傷。

1 使用你手邊就有但不再喜歡的床頭板，或是找一塊適合現在床鋪大小的**老舊金屬或木頭床頭板**。你可以在二手店、庭院大拍賣或上Craigslist尋找。我們是在二手店找到的，只要10美元。

2 到居家修繕用品店買**粗麻繩**，然後把麻繩一端綁或釘在床頭板後側加以固定（從左圖可看到我們床頭板後側的釘子）。然後一圈圈把麻繩密密綑在床頭板上，製造出整體編織感。

3 等你完成纏繞之後，把另一端綁或釘好（在床頭板後側），來固定麻繩，讓垂直圖案能夠緊緊牢靠維持。

■■■ 如果你的客房缺少一些關鍵裝飾（像是床邊桌），這是很好的解決辦法。

1 在家裡找一張椅子，或是上庭院拍賣、二手店和家飾店找合適者。

2 把椅子重漆上有趣的顏色，或是你想要的話，也可重新幫椅墊繃布。（見p.276和p.92，參考油漆家具和繃布的教學。）

3 在椅墊上放一疊書或雜誌，再擺上鬧鐘，就完成了。

080
用椅子當簡易床邊桌

這張椅子丟棄在人行道上，等人撿走或回收，所以是免費的。

FOUR 洗香香

2009年底，當我們著手裝修浴室，我真的很想揮舞著鐵槌，告訴那些藏污納垢的變色磁磚誰才是老大。但可惜的是，那時我肚子裡有個小寶寶。

所以約翰一個人完成了所有辛苦的拆除工作（他甚至還租了一台迷你型電鑽，用來拆除有金屬網固定的特厚灰泥）。在他忙碌工作時，我就憂愁地站在封起來的走道那頭，為老公的工作而憂心。你記得電影《世界末日》（Armageddon）有一幕，一扇玻璃窗上出現一隻手嗎？那和我很像，只不過我是把手放在封住浴室門的罩布上。

約翰稍後終於出現了（非常晚…準確來說，是十小時後），全身是灰，不斷抱怨各種痠痛。而我回答：「嗯，你記得因為我們可愛的寶寶，我得放棄吃餅乾100天嗎？」我很喜歡提醒約翰，我在生寶寶這件事上是個大英雄。

當然，有個空屋能夠從頭開始整修，讓我倆都很興奮，但是我很嫉妒約翰可以做所有粗重工作…當然約翰可能也很嫉妒我不需要揮舞大鐵鎚。

但等所有鑽牆的灰塵都落地，該是使用不含VOC油漆來為光禿禿的灰牆塗層時，我開始幫忙。待在浴室不到90秒後，我彎下腰，把手上的油漆刷伸進地上的油漆罐中重沾油漆，結果我遠比懷孕之前大許多的屁股撞到了外露的幫浦管線（我們還沒有把它們掛回去），不知怎的就把關閉閥給打開了，結果造成冰冷的水猛烈噴出，還噴到天花板。就像是消防水帶一樣。

雪莉說

浴室改造創意 >>>

我尖叫著跑出浴室，而約翰英勇地多待了一會，把關閉閥調整到正確位置。接下來就是意料之外的打掃時間，邊唱著Sir Mix-a-Lot的幾首相關歌曲當主題曲，邊完成打掃工作。天呀，往事歷歷在目。我們終於把一切都打掃乾淨，我的屁股生完寶寶後也變回原樣了。真的。後來我的屁股對著其他東西時都會特別小心。最後，我們還是把浴室整個上了底漆又上了油漆，我還幫忙把一張床邊桌變成漂亮的洗手台。

所以，最後，媽媽還是把手弄髒了，而且讓浴室淹過一次水。

約翰拆掉浴室。我生下寶寶。
我想我們都知道誰贏了。

081

想想超越浴簾的點子

花費 COST	花費:$-$$	
難度 WORK	難度:流點汗	
耗時 TIME	耗時:一個下午	

▪▪▪ 兩塊標準窗簾（一般窗戶用，而非浴簾）掛在浴簾桿的掛鉤上（如果需要，可以用縫的固定），在浴室中創造出迷人的視覺焦點。裡側的浴簾可以避免窗簾被弄溼，而且藏在窗簾後面根本看不見（因為有掛鉤，浴簾和窗簾可以共用一根浴簾桿。）

Bonus tip

每種布都行

床單或任何一塊四邊縫好邊的布料都可以當做裝飾浴簾。嗯，你甚至可以用居家修繕用品店賣的兩塊帆布類抹布。只要使用掛鉤（通常是窗簾桿用掛鉤）來掛上沒有扣眼或扣環的布料就好。你可以把浴簾和裝飾浴簾掛在同一組掛鉤上，這樣就能一起移動。

082

從你最喜歡的寶石尋找靈感？

▨▨▨　祖母綠？綠松石？藍晶？用一些閃亮的家飾，如浴簾、皂盒或儲物籃，把你最愛的寶石色彩帶進浴室。這類實用的日常用品（還有浴巾及裝滿沐浴用品的置物盒）真的能改變浴室的氣氛，如果你有預算上的考量，也只要幾美元就可買到的版本。你當然不必一下子就把浴室每件東西都換掉。試著慢慢地，一次升級一樣東西（或許列在每月的購物清單上）。你會大吃一驚，原來小東西也能在刷牙時帶來樂趣。

去拿你自己的籃子。

藍晶 &
藍寶石

琥珀 &
紅寶石

祖母綠 &
黃水晶

083

用油漆提升浴室燈罩質感

🐷 花費：$
COST

⚙️ 難度：不流汗
WORK

🕐 耗時：10分鐘
TIME

Start Here

■■■ 許多浴室都裝有各種基本的金屬燈座和玻璃燈罩。除了拆掉整個燈座這個選項之外，你也可以動手改造它（然後省下一點錢），只要用一圈油漆來打扮玻璃燈罩就好。只要一點點小細節就能讓平淡無奇、彷彿看過好幾百萬次的燈罩有些改變。講到改變，看看艾比‧拉森（Abby Larson）是如何把這項技巧也用在花瓶上（p.266）。

1　任何可拆卸的**玻璃燈罩**都適用這計畫，只要確定你的燈罩可以拆下來（通常是靠移除燈泡，或是鬆開基座附近幾根固定燈罩的小螺絲即可。）

2　買一些便宜的**壓克力手工藝漆**，選擇你要的顏色。我們用的是Apple Barrel的Limeade，但是金屬色調或較深色調（如金色和海軍藍）看起來也很棒。

3　一些手工藝漆倒進碗裡。（別倒太多：建議只要一點點，厚度和鉛筆一樣即可。）

4　燈罩邊緣浸到油漆中，讓燈罩邊緣那一圈都沾上色彩。等所有元件都重新裝回去，你不會希望燈泡沾到油漆，但是燈罩邊緣通常離真正的燈泡有段安全距離，所以不用擔心。

5　取出另一個燈罩，重複同樣過程，讓燈罩邊緣沾上一圈薄油漆。

6　讓燈罩上的漆完全乾透，再重新裝回基座上。

7　花10分鐘就可以完成這個升級計畫，盡情沉浸在它帶來的光榮吧。更讓人高興的是，花費還不到3美元（沒錯，一管壓克力漆就是這麼便宜）。

Bonus tip

繼續前進

你也可以用噴漆把浴室燈泡基座的金屬部分上色，加以改造（參見p.85的一些基本噴漆技法），甚至把玻璃燈罩換成更符合你的風格。居家修繕用品店有賣便宜的替換燈罩，你可以把霧面玻璃燈罩換成透明玻璃燈罩，或是帶氣泡的藝術玻璃。

084

帕瑪夫婦的洗手槽瓷磚防濺板

客座部落客創意

部落客
蕾拉和凱文·帕瑪（Layla & Kevin Palmer）

部落格
The Lettered Cottage
（www.theletteredcottage.net）

居住地
阿拉巴馬州，普萊特維爾
（Prattville）

最愛的顏色組合
藍色＋白色（但一小時後再問一次，可能會有不同答案！）

最愛的工具
氣動釘槍

最愛的空間裝飾法
圖案花紋抱枕和鮮花

我們進行這項計畫，是要打造一個牆面滿是美麗瓷磚的景觀，卻不需要真的買一面滿是美麗瓷磚的牆面。為了省錢，我們決定只在浴室鏡子四周的牆面貼上瓷磚，而當我們在建築用品五金行發現，2.5公分見方的藍灰色大理石瓷磚，買一平方尺只要4.97美元時，真是興奮得不得了。

材料

＊鉛筆　＊抹泥板　＊凹口塑膠修平刀

＊預拌泥漿　＊預拌瓷磚黏合劑

＊大型海綿　＊成片瓷磚

＊塑膠盆　＊橡膠手套

1. **畫出要貼瓷磚的區域。**我們一開始先拿起鏡子，在牆上描出鏡子的輪廓。我們用鉛筆畫出的輪廓線作為指引，知道只要在輪廓線周圍和輪廓線內第一圈貼瓷磚就好，而我們的「祕密」藏在鏡子底下，沒人會發現！

2. **使用黏合劑。**我們用凹口塑膠修平刀在牆上塗一層黏合劑，然後在成片瓷磚後方也塗一層。

3. **瓷磚貼到牆上。**當我們把瓷磚黏到牆上，有點擔心瓷磚無法固定，因為我們是將瓷磚貼在垂直的表面上，但是瓷磚黏得牢牢的。所以繼續黏下一條，直到鉛筆線周圍和線內第一圈的牆面都貼滿瓷磚為止。

4 **等待。** 我們等待了24小時,讓瓷磚黏合劑乾透。

5 **使用泥漿。** 我們戴上橡膠手套,用抹泥板把大量預拌泥漿塗到每個瓷磚之間的縫隙。

6 **擦去多餘泥漿。** 等泥漿罐上建議的時間到了,就用濕海綿擦去多餘泥漿。做這件事時,如果手邊有個塑膠盆會方便許多,因為可以輕鬆再次沾濕海綿和擰乾海綿。幾個小時後,所有東西都乾了,整個計畫就完成了!

現在,等我們把鏡子掛回去,你永遠不知道其實背後並沒有一整面牆的瓷磚。而我們因為不用把看不到的地方也貼上瓷磚,省下80美元。耶!

085

增添風格獨具的浴室儲物用品

■■■ 在找更有美感、更有趣的方式來收納棉花棒和牙線等用品嗎？貝殼盤或字母印花馬克杯（在Anthropologie或Sur La Table只要6美元就可以買到一個），都可以在浴室的層架或梳妝台上，創造出個性又迷人的風貌。以下是幾種創意，放了棉花球或指甲油後，看起來都挺不賴的。

▲ 這些罐子可以裝乳液、磨砂浴鹽或泡泡浴劑。

▲ 你最愛的幾罐指甲油可以住在這。

▲ 每一層抽屜都能收納化妝品、棉球、棉花棒或其他最好收納在一起的小東西。

▲ 很明顯地，這傢伙很適合收納棉花棒和棉球，但就算是小罐香水瓶或牙線小白盒放進來也不錯。

▲ 一碟鬆軟的擦手巾、包有漂亮包裝紙的小塊肥皂，甚至是絲瓜縷或天然海綿都適合住在這裡。

▲ 加蓋的籃子是隱藏雜物或其他包裝不甚美觀物件的絕佳方式。

086

換掉浴室水龍頭

換個水龍頭是讓浴室升級的快速方法。如果你想知道更多細節，請上YouTube有一些詳盡的影片教你怎麼完成，下面則是一般流程。

1 關掉出水閥的開關，讓水停止流出。出水閥通常位在洗手台的基底。

2 移去洗手台上固定舊龍頭的軟管和螺絲（注意各個零件的拆卸順序）。

3 按照同樣方式裝上新龍頭（請依照購買龍頭時的裝置說明安裝。）

4 轉開出水閥，看看是否流水。

 花費：$-$$$

 難度：流點汗

耗時：一個下午

 Bonus tip

不用去店裡找

可上eBay或Craigslist，甚至Habitat for Humanity ReStore找找，看看是否有機會花少少錢買到看起來還蠻新的水龍頭。

087

在浴室鏡子上掛空鏡框

花費：$-$$

難度：流點汗

耗時：一個下午

■ ■ ■ 掛上一到兩個空鏡框是限定特定區域、分割整面無框鏡的好方法。

1 把一個**鏡框**（或兩個）在整面無框鏡上比畫，找出能幫你限定洗手槽上方的區域。

2 取下鏡框的背板和玻璃鏡面，留下空鏡框。

3 使用無痕產品（後來取下時才不會留下痕跡），像是**3M無痕膠條**或鏡面適用黏膠，把空鏡框直接固定在鏡面上。

4 向鏡子裡那個盯著你的聰明人眨個眼。

088

增添耐潮濕的浴室藝術品

■ ■ ■ 下面這幾個物件輕鬆掛在浴室，不用太擔心潮濕問題。

＊ 一系列不同顏色和拋光漆的鏡子

＊ 牆掛式花瓶（右頁的花瓶來自CB2）

＊ 裝飾盤（用手工藝用品店買到的瓷盤掛鉤來掛上）

＊ 木頭圖案或字母板

＊ 放滿漂亮玻璃杯、碗、蠟燭和肥皂的開放式壁架

089

讓馬桶水槽
上方變得時髦

■■■ 一般來說，裝飾馬桶座是個不太好的點子（特別是幫坐墊裝上毛絨絨椅墊這類想法），但是利用馬桶水槽上方的空間絕對是讓浴室空間升級的好方法。以下幾個方法立刻讓馬桶上方升級。

* 放上一個長瓷盤，上面放一根蠟燭、一個小花瓶和一個球狀貝殼飾品（我們喜歡漂亮的球狀貝殼飾品）

* 長形低矮籃子，裝滿擦手巾和包有漂亮包裝紙的肥皂

* 畫框或是盆栽

090

重掛浴簾，與天花板齊高

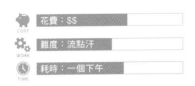

花費 COST	$$
難度 WORK	流點汗
耗時 TIME	一個下午

■■■ 把浴簾高度提高可立刻為浴室帶來奇特感受，讓整個空間看起來更高。別哀哀叫。這做起來遠比聽起來簡單。

1. 移除舊浴簾桿。（如果不是一根伸縮拉桿，請把牆上留下的舊孔洞填平，上漆；參考p.172看看怎麼做。）

2. 如果你知道怎麼做，把舊浴簾桿重新掛到與天花板齊高處，或是直接買一根新的伸縮拉桿。（我們幸運地在HomeDepot買到了。）我們喜歡伸縮浴簾桿，因為它們不需要使用任何五金，也不會在牆上鑿出洞來。嗯，對了，你還需要一些浴簾掛鉤。

3. 找一塊很棒的浴簾，符合地板到天花板的高度，這並沒有像找標準尺寸浴簾一樣容易——通常上網找比較容易成功。（用「95英寸長浴簾」〔95-inch shower curtain〕或「特長浴簾」〔extra-long shower curtain〕等關鍵字在Amazon等網站搜尋，或是直接Google，看會出現哪些結果。）你也可以掛上一般窗戶用的布質窗簾，再加上襯簾避免弄濕窗簾布（見p.128看更多細節）。

4. 如果你用的是商店購買的塑膠或布質襯簾，就不需要擔心你的布質浴簾會弄濕（網路上可以買到特長尺寸，有時在Bed Bath & Beyond等實體店面也可買到）。我們特別喜歡布質襯簾，因為可以用洗衣機清洗，也不像有些塑膠襯簾會排放毒氣。一般來說，86英寸／220公分長的襯簾就合用了。（襯簾不需要和浴簾一樣達95英寸／240公分長，因為襯簾要放在浴缸內。）

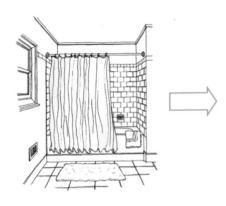

091

至少買一次漂亮的單品

■■■ 買個漂亮的洗手皂、乳液、洗髮精或潤絲精，就為了漂亮的包裝吧。如果你負擔不起一直買這些奢侈品，等用完後再重新裝入你平常用的平價產品即可。反正除了你以外沒人會注意到，但是高檔的瓶子可讓你覺得自己是個揮霍的大亨。就算你知道自己的小祕密也沒關係。

FIVE 收起來

喔，現在要講收納了。或許你期待的是，按不同色彩檔案夾區分重要性，或是按照季節、顏色或「我穿起來有多瘦」來幫衣櫃分類等訣竅。嗯，以下有雷，我們這本書沒有這類建議。為什麼沒有呢？因為我們壓根就不是收納狂。

這並不是說我們不崇拜那些採用杜威十進制法來計帳算錢，為生活中每樣東西分類儲藏的人。但是，對我們來說（可能也對世上大部分人來說），讓人生保持得那麼井井有條，並不是很實際的目標。東西會變亂。東西會亂放。東西會變得沒有秩序。雜物堆積就是會發生。

這是何以我們偏好的收納方式，就是找出最適合你的方式。找出你可以容納、放置那些垃圾，噢，抱歉，是那些珍貴物品的最好方式；同時，增加一些風格，這才是重點。事實上，雪莉和我剛認識時，兩人的收納風格截然不同，但我們發展出一套將兩者融合得相當好的新系統。

我是有點感性的收藏者，喜歡把東西留下來，就因為對它們有深厚記憶，讓我想起特定地點、時間或某人。然而，雪莉不會輕易對物件有情感上的連結（通常也不太會把心愛的東西加以裱框來紀念），但是她特別依賴紙張，寫了很多筆記，做了很多雜誌剪報，也喜歡在皮夾裡放各種收據。（唔，或許她只是喜歡購物。）

這種對物件執著的衝動很難對付，因為我倆打心底都想成為極簡主義者，過著只擁有生活真正必需品的簡單生活。所以，我們向彼此學習。雪莉教我，除了

ORGANIZING IDEAS 收納創意 >>>

把具紀念意義物品裝滿一箱又一箱，最後卻只能堆在衣櫥一角之外，還有其他紀念的方式。舉例來說，我並不需要留著一整份刊登我文章的報紙，只要剪下那篇文章，甚至加以裱框，不需要儲藏在某個角落。雪莉的另一個妙招是把那個東西拍下來，再把照片裱起來（或放入相本），而不用儲藏真實版本。我提過她對紙製品有偏執吧？

另一方面，我也幫助雪莉把她的紙類收藏數位化。慢慢地，她的待做事務清單移到iPhone上（雖然她經常重新抄到便利貼上）；現在，她也丟掉更多收據，因為上網用信用卡付款、查閱購買紀錄或退貨也比較容易。

藉著將我倆的「收藏」減量，我們也找到有趣的方式來收集，甚至展示我們想保存在身邊的物品。所以，如果你原本希望接下來幾頁能教你怎麼把襪子按字母分類，或是用顏色來區分你的信用卡帳單，原諒我們做不到。我們是瘋狂沒錯。只是還沒那麼瘋狂。

擺攤核可證？有。
高中時取得的小貨車駕照，有。

雪莉的綽號：清單怪人、清單小姐、清單魔人、清單女王。

092
製作居家管理檔案夾

花費：$
COST

難度：不流汗
WORK

耗時：一小時
TIME

■■■ 製作一個檔案庫，把家中大小事務的資料全都放進去，從織品樣本和油漆色卡到擔保書、手冊和產品說明書全都收攏在一起。就連雜務工／承包商／維修工的姓名電話也都放進去。這樣每當你需要時，就容易找到各種資訊。找一個三環資料夾和一疊透明資料袋，使用分頁紙幫你按不同類別分類各種資訊。（例如，在「室內裝潢」這類，可以把織品樣本和油漆色卡放進透明資料袋；而在「手冊及擔保書」類，則可放進所有煩人的文件。）

這個活動掛鉤很適合用
在衣櫃中掛圍巾。

這個則很適合用在泥巴間
（mudroom；譯註：用來放置外出
沾濕或沾泥的衣物鞋襪的空間），
或是兒童房來掛外套或背包。

掛鉤也能增添色彩
或「手作」風。

093 　增添實用又風格化的掛鉤

掛鉤不只實用，也能為住家增添非常多個性和風格。
就連破破爛爛的狗鍊或舊皮帶，掛到這些寶貝上頭，
也會漂亮許多。

選擇質感樸實帶點個性的掛鉤，
可為房間增添個性。

這個經典掛鉤掛在浴室、
衣櫥和入口通道等。

這傢伙有復古風情和
古董般的迷人魅力。

094

六個字：增加
儲物椅凳

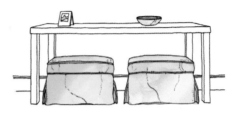

1 ▲ 在玄關桌下方放兩張椅凳，
利用下方的多餘空間。

■ ■ ■ 我們家有十個以上儲物椅
凳（對，十個），不只能把雜物
（從收據和印表紙到狗玩具和寶
寶玩具都算）藏起來，也提供額
外的座位。雙贏。下面是幾個你
可以放幾張椅凳的地方。

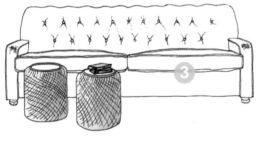

▲ 在床腳放一張長方形椅凳。

◀ 把咖啡桌換成兩張小型椅凳，
一來可以放腳，
也能提供額外座位。

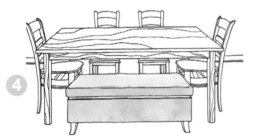

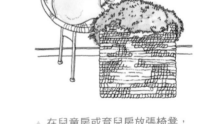

5

▲ 在兒童房或育兒房放張椅凳，
可以放腳（如果你有搖椅或閱讀椅的話），
也能收納玩具（它們似乎不斷倍增。）

▲ 把兩張餐椅換成一張長形椅凳。
孩子們會為了誰可以坐這邊大打出手。

▲ 毛巾或擦手巾儲藏在
這樣的籃子，可讓毛巾整齊疊好
（也不會倒下來）。

▲ 這個籃子可以當垃圾桶用，
也可以放在育兒房收納
嬰兒用品。

▲ 這個籃子可以放在
水槽下收納清潔用品。
你在不同房間打掃時，
這籃子很便於攜帶。

095

籃子(幾乎)能解決所有問題

你已經知道我們喜歡具儲藏空間的椅凳了，當你再加入籃子時，我們真的
非常興奮。籃子正是我們的收納法寶。你聽起來可能會覺得「蛤，就這樣」，
但是有時真相非常簡單。籃子可以加蓋子，可以是圓形的，也可以大小不拘，
最重要的是，還可以藏起你各種罪過／雜物。所以，看你的方便來使用籃子，
為將來整齊收納的人生歡呼吧。

▲ 這傢伙用途多元，
可以放在儲物櫃裡收藏備用燈泡，
也可以放在食物櫃裡儲存
一盒盒義大利麵。

▲ 這可以當充滿工業風格的
雜誌或郵件收納籃。

▲ 這籃子有蓋子，
意謂能藏起任何東西
（還能把你的祕密都藏起來）。

096
讓掛物架升級

■■■ 大衣掛鉤、鑰匙掛鉤、儲物格，還有抽屜，如果貼上使用者的標籤，可能會更實用。但你不必撕下許多標籤紙，在每個角落都貼上塑膠貼紙。這裡介紹指示使用者的簡單可愛方法。

1　在手工藝用品店買些小型金屬或木頭字母（下面這些是從Hobby Lobby買來的），把這些字母漆上你喜歡的顏色（如果你喜歡，也可以讓它們保持自然色）。

2　用強力膠把字母貼到小型方塊狀帆布上，帆布可以在美術用品店或手工藝用品店購買。視情況可先在帆布上黏一些裝飾紙——我們用的是手邊就有的包裝紙。

3　帆布用釘子掛在大衣或鑰匙掛鉤上方（你也可以用3M隱形掛鉤，把它固定在儲物格上或抽屜前緣。）

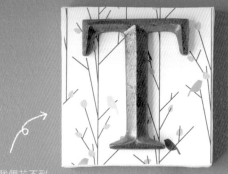

我們花不到
一小時就完成這些！

097
一個衣櫥四種風格

你的衣櫥只有一根吊衣桿，不代表你就得一直保持這個方式。改造衣櫥，符合你的需求！下面介紹幾個點子。

▲ 你可以透過添加一根外加的吊衣桿，在典型衣櫥中擠出更多空間。

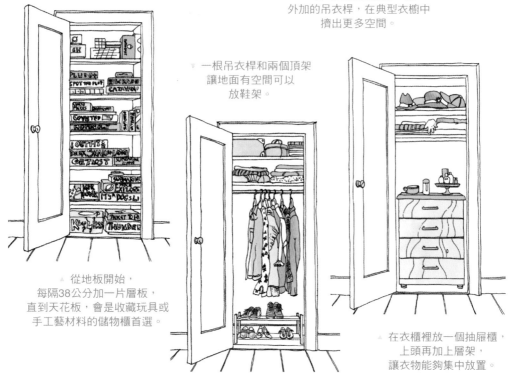

▲ 一根吊衣桿和兩個頂架讓地面有空間可以放鞋架。

▲ 從地板開始，每隔38公分加一片層板，直到天花板，會是收藏玩具或手工藝材料的儲物櫃首選。

▲ 在衣櫃裡放一個抽屜櫃，上頭再加上層架，讓衣物能夠集中放置。

098

征服鞋堆

不要把鞋子醜醜地在門邊堆成一大疊，試著把鞋子收在鞋盒或鞋櫃裡。或是擺一個大籃子、大箱子、儲藏式椅凳、玩具櫃、矮層板架、帶門抽屜櫃（每個抽屜都是鞋子的家！）。這些簡單的方式能夠大大地營造不同的視覺。一個鋼質鞋盤甚至就能讓鞋子的「收納」一目瞭然，所以鞋子看起來不會像是堆在那裡，而是各就各位。

099

整理好郵件

整疊郵件可以用幾個簡單的籃子或盒子來處理（一個裝要用碎紙機碎掉的，一個裝要付款／回應的信件）。等到處理完回應籃裡的文件，就拿到別的地方歸檔（如果你想保存帳單或醫療單據等紀錄），或是移到碎紙機處理籃，一週清一次。你可能也想在手邊掛個月曆、行事曆或留言板，好把重要事情掛起來或紀錄起來（所以請帖不會和其他信件疊在一起，在你回覆出席與否後，可記錄下來或釘起來備忘）。處理簡單郵件的關鍵在於一個簡單容易的系統，所以拒絕任何太難堅持下去的方法。

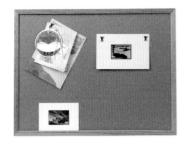

▲ 一個用來釘邀請函和其他
漂亮郵件的布告欄：10美元

兩個用來裝要碎掉和 ▶
待處理郵件的盒子或籃子：15美元

全部搞定
只要25美元

把你收藏的CD和DVD高調展示出來，誇耀你偉大收藏的日子已經過去了。現在，市面上有許多密封盒、箱子或櫃子可把它們藏起來，而且這些收納盒看起來也很吸引人。你甚至可以把它們數位化，把所有音樂儲存到電腦裡，如果你敢挑戰的話。（這個方法免費，而且不會浪費一絲一毫空間。）你也可以把所有DVD放進透明大夾子裡，就可以直接塞進衣櫃，或是偷偷藏在層架一角。

100

把CD和
DVD藏起來

101

裝飾衣櫥

■ ■ ■ 衣櫥也是房間。嗯,不算是真的房間,比較像是裝滿你常常使用物品的狹小空間。所以,為什麼不做些有趣的事,在衣櫃門後方製造一個讓你看了會微笑的風景呢?下面提供一些想法。

* 衣櫃裡側漆上大膽色彩。

* 使用裝飾籃來收納物件。

* 掛上好看的掛鉤或層架。

* 用裝飾紙或包裝紙把便宜的收納紙盒或雜誌籃給包起來。

* 如果衣櫃特別大,掛上藝術品或照片(就像衣帽間一樣)。

* 如果衣櫃裡裝有頂燈,把它換成更有視覺效果的物件,如吊燈或水晶燈。

102

拿掉那些不相配的衣架

■ ■ ■ 把衣櫃裡不相配的鐵絲和塑膠衣架換成整組木衣架,和精品店一樣,製造出一致的視覺效果。許多雜誌和裝潢書都有類似建議,因為這招真的有用,絕對不會徒勞無功。我們買了許多木衣架,結果發現當衣服不是隨便掛在鐵絲或塑膠衣架上時,一切看起來都棒多了。木衣架的寬板也讓衣服有更多伸展空間,所以也更加實用。你知道我們就喜歡這類東西。

103

增加一個泥巴間

花費：$-$$$

難度：流點汗

耗時：一個下午

■ ■ ■ 你可以在任何房間，像是放鬆角、寬走廊或是靠近後門或邊門的洗衣間一角，增加一個放濕衣物的空間。如果要整出一個泥巴間，可能要花上好幾百美元（甚至超過1000美元），但是你可以用少得多的預算，達到差不多的效果。下面是製作低成本版本的步驟。

1　買個鞋盒／櫃，或是一張儲物椅或椅凳，用來放鞋子。

2　做個掛外套、皮包和圍巾的空間，像是在鞋架或椅子／椅凳上方的牆面釘一排掛鉤。

3　選擇性地添加一些能夠加分的物件，比方一個鞋托盤或是在掛鉤上方加一片壁架，上頭放幾個籃子，增加帽子和圍巾的收納空間。（你甚至可以在每個掛鉤或籃子上方貼上家庭成員的名字或照片來標誌使用者。）

104

處理書架上的雜亂堆疊

需要美化書架嗎？以下是幾個創意。

STEP 1
先把幾本書採垂直排列，
加上其他大型垂直狀物體，分成幾組。
在書架各層散置各組物件，
這樣能夠增添平衡感。

STEP 2
增加水平物件，
像是把幾本書
水平疊在一起，
和幾個收納雜物的
儲物盒。

STEP 3
使用一些飾品
增添個人色彩，
如相框、一些裝飾品，
甚至在書櫃背板
貼上照片。

Bonus tip

* 在書架上添加幾個籃子或有蓋盒，打破整排都是書本的排列方式，製造出更平衡又具
  裝飾性（但仍然超級實用）的效果。
* 放上幾個漂亮的物件（像是一些小盆栽、玻璃花瓶或其他飾品），讓書架看起來不要
  太正經八百。
* 你可以用白色或棕色牛皮紙把書本包起來（或是苧麻質壁紙和漂亮的包裝紙），製造
  出精緻外觀。接著用黑墨水在書背上寫上書名或作者名，或是印出標籤貼在書背上。

105

除了白板外的
其他選擇

花費：$

難度：不流汗

耗時：一到兩小時

■■■ 把空白月曆裱上框，然後在畫框玻璃上用白板筆或油彩鉛筆寫字。這有點像是改裝版的白板。

1　找好你的空白月曆。（你可以用馬克筆和裝飾紙親手做一個、印出網路上的免費版本、在Etsy等網站訂一個，或者像我們用Photoshop做一個。）

2　把月曆塞進畫框（白色、木質、金屬、上漆、簡潔、精緻，各種畫框隨你喜歡！）。

3　用白板筆或油彩鉛筆在玻璃上註記重要事項和日期。（你甚至可以用「家庭成員各有自己顏色」的方式，讓誰該做的事一目瞭然。）在每個月的最後，只要擦掉上頭的註記，就可以從頭來過。

106

邊做邊清理

　　誰喜歡打掃／整理／收納東西？我們才不喜歡。但是我們是邊做邊打掃的大粉絲，不會讓打掃等雜務堆積如山，最後得花一整個週末來完成。所以只要我們有空檔（像是等水煮開或電腦開機），我們會試著從下面這些可以快速完成的事務中選一兩個做完。如果經常做這些雜務，不必花上太多時間，就能讓屋子看起來非常乾淨。

＊把廚房水槽裡的碗盤清乾淨。要嘛就把它們洗好，要嘛就放到一旁或洗碗機裡。

＊拿著手持式吸塵器，沿著護壁板還有桌子及其他大型家具底下吸一遍，把你好一陣子沒吸、積太久可能會把客人鞋子弄髒的灰塵吸乾淨。

＊用超細纖維抹布，把窗框及畫框擦乾淨（如果你想要華麗一點，也可以用雞毛撢子）。

＊每週拿馬桶刷刷馬桶（這樣可以避免你每個月要跪在地上，用手刷馬桶的窘境）。

107

知道何時該留，何時該藏丟

　　不知道哪些東西該留，哪些又該丟掉嗎？只把你需要、喜愛或常常用到的東西留下來。如果你對一件東西沒有太大感情，也很少用它，立刻丟掉吧（無論是衣服或裝飾品都一樣）。想想看：空間很寶貴，不能浪費。你不會希望房子塞滿無法直接讓你快樂的東西。那麼，如果這個東西是你花很多錢買的，該怎麼辦？你繼續把它留在家裡，浪費寶貴空間，那你每天又再次付出代價（特別是原本那裡可以放你需要或喜愛的物品）。

108

幫儲物盒蓋印

花費：$-$$
難度：流點汗
耗時：一小時

■■■ 你有一堆平凡無奇、讓你呵欠連連的儲物盒嗎？只要使用蓋印方式，就能讓它們的外觀升級。你甚至可以用同樣方式來幫文件夾蓋印。

1 在Ikea、OfficeMax或辦公用品店，買些簡單的**卡紙檔案文件盒**。

2 在手工藝用品店，找一個**橡皮章**和一些大膽色彩的**墨水**，用它們來幫文件盒打扮一番。比方，黑色鳶尾花圖案印在白色盒子上，感覺非常精緻，而復古金色的四瓣幸運草或蜂巢圖案則能增添柔軟有層次的風格。

109

製作待辦事項碗

我們很開心把Ikea的銀色大碗用噴漆噴成紅色。

■■■ 基本上，這個碗是你需要處理事項的暫存區（要填的表格、需歸檔的收據、牙醫預約確認單等等）。如果你用一個色彩鮮豔的大碗來做這個工作，放在桌上或櫃子上看起來一點也不遜色，還能「把所有東西堆在一起」（而不是到處四散，最後不知放在哪裡或忘記去處理）。選一個大膽的顏色，讓它成為你忙著處理事務時的視覺樂趣（是的，你勢必得處理裡頭的待辦事項）。

110

確實處理掉你打算不要的東西

■■■ 有時就在你把準備清出處理掉的東西在家中一角堆成小山，這股氣勢就中斷了，因為你不知道到底要把它們送去哪。我們也有類似經驗。但是你可能需要以下幾個簡單方法，來把這些占空間的物品趕出你的生命（而且用不著你搬這些重物）。

＊上Craigslist和Freecycle等網站，列出你想要送出的物件清單。看看在你把這些東西標為免費後，它們有多快從清單上消失。你會對結果感到驚訝。

＊許多非營利二手店，如Habitat for Humanity ReStore，都很願意免費開卡車來運走你要捐的東西。（我們用這個方式清掉了許多舊風扇和雙開門——甚至還可減稅。）

＊你也可以試著在Craigslist或電話簿上，找回收公司來收你的舊物。

＊有些居家修繕用品店提供大型回收袋的服務，他們會開車來把回收袋收走（比傳統的垃圾回收箱便宜得多。）

111

安娜的簡樸層架

客座部落客創意

部落客
安娜·懷特（Ana White）

部落格
Ana White: Homemaker
（ana-white.com）

居住地
阿拉斯加，三匯市
（Delta Junction）

最愛的修繕工具
複合式斜切鋸——如果可以
的話，我會拿它來切牛排！

最愛的DIY幫手
我可愛的女兒，葛蕾西（Gracie）

家中最愛的房間
車庫！裡頭總是有個改造計畫在
進行。

　　我的新家有一整面純白牆面，需要一些帶著質樸感的裝飾。由於沒有足夠空間放一件家具，我決定要使用回收木頭和平價金屬托架來製作一些壁架。

材料

＊60公分長木板（最好是回收木頭）

＊鑽子

＊4支L型托架及螺絲數枚（按木板數）

＊螺絲數枚或拼裝式牆體錨固裝置

＊水平儀

1　**回收木頭。**破木箱是我最愛的回收木頭來源，因為它們背後有許多故事，個性十足。但是在使用木箱時要小心：有些曾經用強烈化學藥劑處理過（我的木箱來自一間有機農產品運輸服務中心）。我會用兩把鐵鎚來拆卸箱子，第一把鐵鎚的爪形末端敲在釘子連結處，第二把鐵鎚撬鬆木板。如果回收木箱不在你的選項之內，把全新松木箱放到太陽下曬到褪色，再用鐵鎚敲打一番，就能製造出類似視覺效果。也可以把鋼絲絨浸在醋裡幾天，然後把這個非常臭卻有效的混合物塗在新木板上，會讓木箱呈現古董般的色澤。

2　**買托架。**等你準備好木板，就可以去購買金屬托架，寬度至少要有木板寬度的2/3寬。舉例來說，如果你的木板是15公分寬，就買10公分寬的

托架，而30公分木板就買20公分托架。托架非常便宜，你可以用噴漆把它們漆成黑色或銅色，要記住螺絲也要噴漆，外觀才會相配。

3　**用螺絲把托架鎖上木板。**托架間相距60公分（測量托架螺絲孔之間的距離）。這樣一來，如果你的牆上有相距60公分的立柱，你就能直接把層架掛在牆上的立柱上。

4　**把層架掛上去。**在牆上鑽出螺絲孔洞，如果可以的話，直接鑽在立柱上。把層架放在牆上欲懸掛的位置，把它們鎖上，過程中使用水平儀來看是否鎖成一直線。如果屋內找不到立柱，用拼裝式牆體錨固裝置，像是耐重壁虎和螺絲，利用托架孔洞把層架固定在牆上。

我對這些回收木層架造成的效果感到興奮不已。它們既漂亮又實用，而且對平凡無奇的牆面是恰到好處的點綴。

112
整理成堆的紙製品

■■■ 這裡有三個簡單有效的方法，可用來收納你的帳單、發票、收據和其他紙製品。

1 **文件夾。** 對住家來說，使用文件夾可能會太像辦公室、太正式，但是非常有效的方式，你也可以選擇較不帶工業風格的文件櫃（深色木頭或純白色看起來都蠻酷的），或者檔案收納盒也是一個選擇。Target和Ikea都有賣看起來不無聊，又隔好空間的裝飾風格檔案收納盒。

2 **有孔檔案夾。** 裝飾印花或圖案檔案夾放在書櫃上很好看，也可塞進抽屜或櫃子裡。讓你能輕鬆翻閱你所收納的所有資料。（我們特別喜歡用這個方法把喜歡的雜誌內頁整理在一起，或收納各種說明書。）

3 **風琴夾。** 讓你輕鬆快速地把個別資料夾收在一起，便於攜帶。此外，也很容易收進收納腳墊、抽屜、衣櫃裡，甚至是要隨身攜帶的資料，也很容易塞到車子後座。

113
色彩統合

■■■ 要標明特定手足或配偶的東西，有個簡單的方式，就是給它們一個專用色彩。比方說，灰色箱子、籃子和其他容器可以拿來收納兒子和丈夫的東西，黃色容器則是妳和女兒東西的家。如果不想買一堆特定顏色的箱子，也可以在現成的儲物盒貼上每個人專屬顏色的貼紙來區別。

▲ 深帆布籃是絕佳選擇，
可放任何東西，
從一大疊雜誌到玩具，
或是放在沙發旁裝著毯子
都很合適。

▲ 顏色大膽的有蓋盒
是我們最愛的東西之一
（我們就是很極端啊，
沒辦法～）。
盒子是儲藏東西的好地方，
從化妝品到縫紉用品都可。

▲ 沒錯，
這些是收藏雜誌的好幫手，
但是收藏散落在桌上的
個別檔案夾也很好用。
真的，它們就像是迷你的
桌上型檔案櫃。

114 讓收納更有風格

想知道更多把物品塞進其他東西藏起來的方式嗎？為什麼不呢？

Bonus tip

藏進盒子裡

小小一個加蓋盒子很有用處，能把你的各種搖控器藏起來。當你有這樣的地方把這類小東西藏起來時，你會驚覺環境看起來高雅多了。一旦東西有個歸處，整理起來也容易許多。所以你要是覺得家裡總是很亂，毫無章法，添個加蓋盒之類的東西可能是整頓搖控器亂放的關鍵。因為當門鈴一響，知道該把這些雜七雜八的東西藏進哪裡，你就贏了一半。

▲ 大型玻璃花瓶是用來插大支花卉的，
但我們喜歡拿它來裝其他東西…衛生紙啦。
對啦，幾卷衛生紙放進玻璃花瓶，
擺在馬桶旁看起來挺優雅的。我們買花瓶前，
還偷偷帶了一卷衛生紙進店裡，確保紙卷裝得進去。

115

試試一些
全天然的解答

下面幾種居家常遇到的問題，
其實都能用廚房已有的物品來解決。
為你手邊已有的東西歡呼三聲
（也為胡桃歡呼，因為很好吃）。

問題	解藥
螞蟻	**肉桂＋月桂葉**。把其中一種或混合兩者，當成天然驅蟻劑，用在餐台、櫥櫃、桌面或你看到有螞蟻爬過的地方。
木地板或木家具上的刮痕	**一顆胡桃**。拿一顆生胡桃在木頭刮傷處磨擦，為刮痕「上油」，讓刮痕較不明顯。
堵塞骯髒的蓮蓬頭	白醋。取下蓮蓬頭，浸在白醋裡一整晚。或是在蓮蓬頭周圍綁上裝滿白醋的塑膠袋，讓不能拆下的蓮蓬頭仍能浸在白醋中。
堵塞的排水管	**小蘇打粉＋醋＋滾水＋馬桶吸盤**。在堵塞的水管中倒入半杯小蘇打粉，再倒入半杯白醋，讓它作用個5分鐘。之後再倒入1加侖滾水沖去蘇打粉和白醋。如果滾水沖不掉，用馬桶吸盤吸出（同時記得把所有會逸出的地方用抹布堵住），這樣就能除去堵塞物。
地毯上的凹痕	**冰塊＋叉子**。讓一整塊冰塊融在羊毛或棉質地毯的凹痕處（先離開幾小時做些有趣的事，讓它慢慢融化）。接著等冰塊完全融化後回來，輕輕用叉子撥鬆凹陷處，直到凹痕消失。棉花或羊毛等天然纖維沾到一點水是沒什麼問題的，所以一塊融化的冰塊並不會造成什麼損害。

116
按時間順序整理照片

Bonus tip

製作家庭年鑑

另一個儲存大量照片卻不浪費太多空間的方式是,向Shutterfly或MyPublisher等公司訂購照片書,通常有很好的折扣。而每本100頁的書只有2.5公分厚,卻能輕鬆容納一整年值得留下的照片。所以十年份的照片在桌上、書架或櫥櫃層架上堆起來也只有25公分高。這是用小空間裝許多照片的妙招(遠比大多數相本占的空間少得多,因為相簿有邊距又有孔夾。)

整理照片最簡單的方式是,找一堆同樣款式的相本(可在Michaels或Marshall's找到折扣品)。首先,先把你暫居鞋盒或零散相本中的所有照片取出,按時間順序來整理它們。你可以嚴謹辨別出每張照片的時間(大略按照最舊到最新的排列也行)。這個步驟可能會花上一個下午或陸續幾天才能完成,所以比較聰明的方法是,把這些照片放在一張不常用的餐桌或客房床上。等你排好順序之後,由舊到新把所有照片放進相本裡,然後在每本相簿的書背貼上或畫上數字來標明順序(我們是用貼紙)。警告:這個任務比你想像的還要有趣。

SIX 掛起來

我不覺得我們家在前幾年有什麼「真正的」藝術品。這沒什麼好驕傲的（我可是非常熱愛藝術，而雪莉還是紐約的藝術學校畢業呢，是個藝術學士），但事情就是這樣。我們當時只是23歲的小毛頭，沒有多餘收入能上藝廊挖寶，而我們當時也還未聽過Etsy。所以我們落入一個慣例，就是「創造自己的繪畫和印刷作品，直到我們負擔得起真的藝術品」。這是很棒的習慣，直到現在，雖然我們已經擁有一些從Etsy賣家或當地藝術家那裡購得的美妙印刷品和畫作，也愛極了它們，但我們還是在家中掛著自製的作品，像小小鑰匙盒就是一例。

你現在知道我倆是感性的傢伙（對噢，我在上一章講過了），所以在2006年，當雪莉保留一整副對我們意義重大的鑰匙副本（一支是我紐約公寓的鑰匙，一支是她公寓的鑰匙，另一支是我倆在里奇蒙第一間公寓的鑰匙，還有一支是我們第一個家的鑰匙），然後用一個小型展示盒把它們裱起來，每把鑰匙下頭再加上小小的手寫標籤…嗯，很快就變成我們最愛的藝術品之一。老實說，這個作品名列我們「火災時會搶救的五樣家具」之一。它提醒了我們待過哪些地方，走了多遠，宛如把我們的種種記憶藏在罐子裡，不然就會散逸無蹤。

我們學到，藝術是非常個人的事，所以很難找到十個人對同樣五件藝術品從最喜歡到最不喜歡排列，會出現一模一樣的順序。但這就是美妙之處。藝術作品可以讓你家很獨特。這個空間會像是「你」的空間，而不是樣品屋＃489。在

ARTSY IDEAS

藝術品展示創意 >>>

你搬進新家以後，會發覺會有個神奇轉捩點，在那之後，這個空間突然就更像你自己的家，更舒服了，而這通常發生在你開始在那些平淡無奇還會產生回音的牆上掛上藝術品以後。

所以我們建議，省點錢來購買你喜愛的「真正」藝術品，但是也別害怕去DIY一些牆飾。當你釘下最後一根釘子，把畫框或畫布掛上牆，往後站幾步欣賞你完成的傑作，會有很大的滿足感。至少努力試一次。嗯，你還可以戴上貝雷帽，穿上滿是油彩的吊帶褲，還有其他電影裡出現在藝術家身上的標準配備，如果這能讓你更進入角色，怎麼樣都可以。

沒錯，我們可能真的對白色畫框和自製藝術品上癮了。

我們紐約舊公寓的鑰匙。不知道它們還有沒有用……

經典的格狀排列總是行得通；
畫框之間間隔5-8公分，才不會看起來太擠。

117
學會一些
畫框排列法

▊▊▊ 從有些不完美且不對稱的排列，到均衡的格狀排列，畫框在牆上的排列沒有太多限制。你可以用紙袋或包裝紙剪成畫框大小，做為樣板，黏貼於牆上，依照視覺喜好移動樣板。在拿起鐵鎚（把牆上弄出太多洞）之前，這樣做可幫助你決定最後的排列方式。

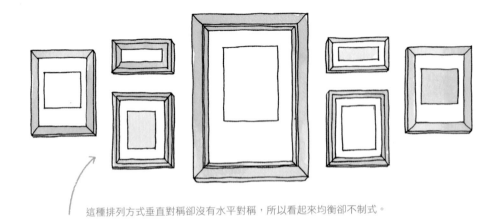

這種排列方式垂直對稱卻沒有水平對稱，所以看起來均衡卻不制式。

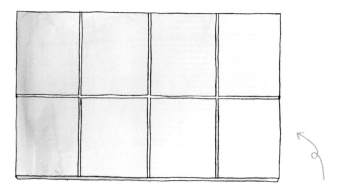

誰說畫框無法觸動人心？將畫框採格狀排列，中間不留縫隙，可營造巨大的戲劇效果（尤其是把大型作品裁切成塊，分別放入畫框中，再排在一起展示）。

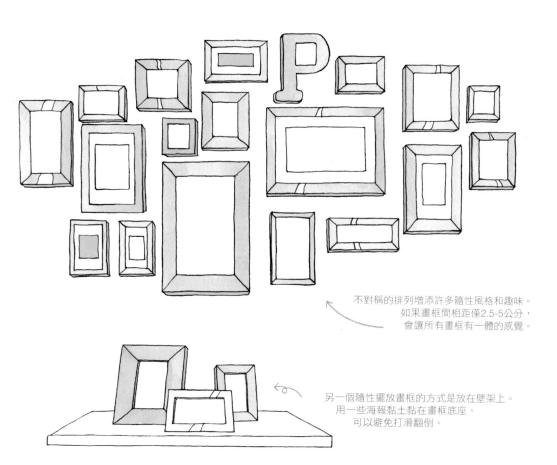

不對稱的排列增添許多隨性風格和趣味。
如果畫框間相距僅2.5-5公分，
會讓所有畫框有一體的感覺。

另一個隨性擺放畫框的方式是放在壁架上。
用一些海報黏土黏在畫框底座，
可以避免打滑翻倒。

我們用4美元就做好這個。

118

在卡紙上縫上圖案

花費：$

難度：不流汗

耗時：一小時

■ ■ ■ 在卡紙上縫上圖案是人人都能做到的有趣美術作品。而且真的不難。（有感受到我們一直抗拒不想說這其實是「簡單的縫紉活」嗎？）

1　選個你喜歡的圖案、設計或字詞（你可以用電腦的酷字型把字拼出來）。

2　到手工藝用品店，用幾美元買支銳利的大**縫衣針**和**刺繡用線**。（這裡用的是兒童拿來編友誼手環的便宜麻繩。）

3　用你喜歡顏色的厚**卡紙**。在卡紙背面描上圖案或字詞，縫的時候就能有依據（記住要將單字反過來畫，這樣從正面讀時才會是正確拼法）。

4　從背面開始用針線穿過卡紙縫出你想要的圖案。這樣從正面看會是漂亮的圖案（而線結則會藏在背面）。

5　用針線縫之前，先用針在圖案上穿出所有洞來，這樣可幫助你縫時只要把所有洞連起來即可。

6　把作品放進**畫框**中（然後向願意聽你說話的人炫耀，這是你自己縫的！）。

119

幫二手畫作上銀箔

花費：$
難度：流點汗
耗時：一小時

Start
Here

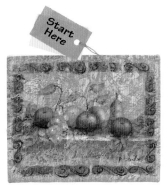

▓▓▓▓ 幫二手店或車庫大拍賣買來的便宜畫作加上銀箔，甚或是磨砂之後再手工上一層金屬色銀漆，都能幫助這個寶貝變成博得無數掌聲的閃亮金屬色焦點，但又極中性（幾乎可以放在任何房間）。你一定會對著藏在銀箔背後的奇怪靜物畫或人物畫哈哈大笑。

120

製作色票藝術品

▓▓▓▓ 當我們進行了其他幾個計畫，累積了一些剩下的色票，想到也可以回收它們，為牆面製作一些有趣鮮豔的掛飾。

1　漸層的**色票**（上頭有好幾個顏色的那種）裁剪成瘦長條狀。

2　色票採之字形排列，排出鋸齒狀圖案。

3　色票貼在**卡紙**上（或你喜歡顏色的厚質裝飾紙上），用便宜的**工藝膠**來黏貼。

4　把這個小幅漂亮的色票作品裱框。

注意：
不要丟臉地在口袋裡偷藏數百張賣場的色票卡！如果每個人都藏一大堆來做DIY，以後色票卡就不一定是免費的了。 所以建議大家可以用手邊的材料，或是買油漆色本來增加自己的收藏。（它們沒那麼貴，而且未來的油漆計畫也用得到。）

使用手邊現有的材料。

掰掰，水果。

121

掛上親人做的東西

花費：0-$
COST

難度：不流汗
WORK

耗時：一個下午
TIME

你家一定有些家庭成員的各式紀念品，目前還藏在盒子裡，但是值得展示出來！我曾求我爸寄來一張我出生前10年，他畫的一張貓頭鷹像；約翰則請我們的姪子姪女幫我們畫小幅圖畫，這樣我們每次走過他們的傑作前，就會想到他們。在你的牆面添加這類私人物件，是讓房子變成家的快速方式。你甚至可以問祖母還有沒有保存母親小時候畫的畫，或是叫姐姐親手抄一段她覺得意義重大的文章，然後裱起來。

如何填補牆上的釘孔

別擔心犯錯。這些釘孔很容易修補。只要用油灰刀在孔洞上塗一些填泥料，補滿後抹去多餘泥料，等到包裝上建議的靜置時間到了，再用150號砂紙磨平該區域即可。如果第一次填補過後，孔洞並未填平，重複這個步驟，添加多一些泥料，等待，然後再磨砂一次。現在你沒理由害怕在牆上掛東西了。（你也可以用Ook或3M掛鉤等產品來掛東西，幾乎不會在牆上留下孔洞。）

122

利用投影機在牆上投射出影像

花費：$-$$

難度：很多汗

耗時：一個下午

▨▨▨ 在玄關、走廊或小巧的化妝室牆上製造大型圖案，看起來會特別棒。如果你沒有投影機，通常可以向學校或圖書館租到或借到。接著，在透明投影片（辦公用品店可購得）畫上或印出你想要的圖案，然後用投影機把圖案投射到你想要的牆面上。接下來就是浪漫的部分了。這時把燈轉暗一些會有幫助。用鉛筆輕輕在牆上描下投射上去的圖案輪廓，然後用你喜歡的乳膠漆和拋光漆塗滿輪廓線內的空間。

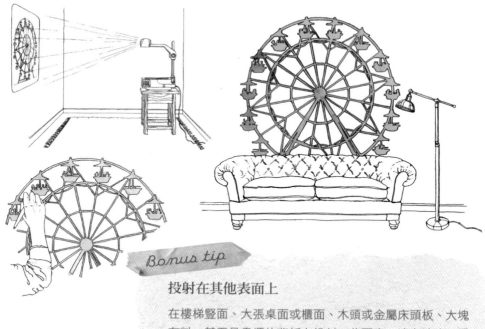

Bonus tip

投射在其他表面上

在樓梯豎面、大張桌面或櫃面、木頭或金屬床頭板、大塊布料，甚至是書櫃的背板上投射一些圖案，漆上油漆，看起來也很棒。參見p.98-99和p.182-183的幾個例子。

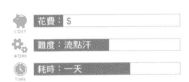

123
製作簡單的置物壁架

花費：	$	
難度：	流點汗	
耗時：	一天	

■■■ DIY層架聽起來有點嚇人，但是材料價格便宜，只要幾個步驟就可完成。簡單講：你一定可以完成。而且還可以跟大家炫耀你的手有多巧（可能還要加上許多手勢）。

1 在居家修繕用品店買一塊2.5×8公分的木板和一塊2.5×5公分的木板，裁成你想要的層架長度。（店家可為你當場免費裁切。）

2 木板上漆或染色（潔白的層架或質樸染色感的層架一直是我們的最愛），然後等染劑乾透。

3 用螺柱找出你想要掛層架牆面處的每一根立柱所在，然後用鉛筆或一些油漆膠帶標出想要的層架位置。

4 拿出2.5×5公分的木板，放置在這些標記正下方（5公分那端靠牆擺放，板子上方放置水平儀，確保木板水平）。用5公分的壁釘來鑽透2.5×5公分木板，直到立柱上，以牢牢固定。（先鑽一個小一點的定位孔，以免鑽木板時，木板破裂。）重複同樣過程，在牆上每個標誌下釘處釘上壁釘。

5 把2.5×8公分木板放在你剛剛用較小木板做成的支架上。你會希望木板的短邊靠牆（這樣一來就會有8公分寬的表面來放置藝術品、祈禱蠟燭等。）

6 用4公分木壁釘，鑽過2.5×8公分木板直到下方的2.5×5公分木板處，將兩者緊緊固定。（進行此步驟時，務必將2.5×8公分木板緊貼牆面，最後才會漂亮密合。）

7 如果你的層架是白色的，你可能會想要把螺絲也漆成白色，這樣看起來才有一致感。如果層架是染色層架，那麼看到幾根螺絲反倒有時尚工業感（反正層架上擺的東西會吸引大部分注意力）；又或者你可以使用補土和染劑來隱藏它們。

124

製作故鄉
輪廓藝術品

■■■ 為什麼不從故鄉（或是你就讀大學的所在地，或是你們蜜月的地點）取得一些靈感，製作幾個有趣的藝術品呢？只要上網找到你的故鄉所在區域輪廓圖。印出來剪下做為樣版，再於裝飾紙或圖案紙上描出輪廓。把這個形狀貼到不同圖案或對比色的紙上，也可以貼在材質不同的布料上，如粗麻布或亞麻布。

我們花不到6美元就完成這個層架。

125

幫整面牆掛滿畫框、大型黑板或一大塊軟木板

花費：$-$$
COST

難度：流點汗～很多汗
WORK

耗時：一天
TIME

▨▨▨ 在整面牆上，甚至整個房間掛滿東西會帶來互動感，改變整個氛圍。

在牆上掛滿畫框

1 **牛皮紙袋**或**包裝紙**裁成畫框大小，用來當做模子，幫助你定位畫框在牆上要掛的位置。

2 用**釘子**把每個**畫框**掛上去。（如果畫框夠輕，可使用**3M掛鉤**或**Ook掛鉤**。）用**固定壁虎**和**螺絲**來固定特別重的畫框。

3 把任何東西，像是你最喜歡的卡片、家庭相片，還有意義重大的紙條、明信片、印刷作品和其他收藏品放進畫框中。

製作大型軟木板牆

1 到Target或手工藝用品店買**自黏軟木塞板**。

2 用**耐重黏劑**或3M的可拆式產品，如**畫框用魔鬼氈**（Velcro），把軟木塞板固定到牆上。（輕型魔鬼氈或是自黏塞板所附的黏膠可能無法持續固定於牆上，所以3M畫框膠是比較耐用的選擇，之後也可以拆除。）

3 一次一塊，分次把軟木塞板黏上牆面，讓每塊緊密貼合，沒有縫隙（後退看時，會是一整面牆的軟木塞）。

4 遇到特殊形狀區域時，可以用**美工刀**和**金屬尺**把軟木塞板裁成那個形狀。

5 等黏膠（或3M魔鬼氈乾透），就可以開始瘋狂把東西釘上去了。

製作大型黑板牆

1　到五金行買一罐**黑板漆**。視情況：順便買一罐**磁鐵漆**，先塗一層磁鐵漆，製作一個可以讓磁鐵吸上去的黑板。

2　測量你想要覆蓋的空間，然後在這塊空間塗上黑板漆（遵照罐子上的指示操作）。

3　等漆完全乾透，就可以用粉筆在上頭畫畫了。

126
為畫框增添 一點驚奇色彩

■■■ 把畫框的外緣塗上大膽顏色，就是令人夢寐以求的物件，至少是我們這類人的夢想。只要移去畫框玻璃、裡頭的藝術品和後背板，剩下畫框，輕輕地磨砂畫框外緣，使之平滑。再用油漆膠帶把畫框前端貼住，然後用油漆刷在畫框兩緣塗上兩層薄且均勻的乳膠漆（我們用的是Benjamin Moore的Berry Fizz）。等油漆乾了，再把取下的部分裝回去，看著成品笑一會（這很正常），再把畫框掛回去。

127

用衛生紙製作 3D藝術品 (是的，衛生紙)

花費：0-$
COST

難度：流點汗
WORK

耗時：一個下午
TIME

■■■ 這個方法教你如何投機取巧，用家裡剩下的油漆、堆積一旁的禮物包裝用品，製作出質感豐厚的油畫感。

1. 用小支泡棉刷，在**畫布**塗上厚厚一層**工藝膠**，然後在畫布上鋪上隨手捏皺的**衛生紙**，製造出有趣的皺摺感。鋪在上頭的衛生紙不要太平坦，但也不要縐成一大塊，看起來會太瘋狂。

2. 等工藝膠乾透，在上頭刷上一到兩層便宜的**工藝漆**，或是你手邊剩下的**牆面漆**（我們用的是Benjamin Moore的Bunker Hill Green）。白色是經典色，而海軍藍或巧克力棕等深色系看起來成熟優雅，當然較柔和、明亮、大膽的色系也可以。

3. 等漆乾透，掛起這幅作品。別人不會猜到這個作品不到5美元就搞定了，單色有質感的視覺效果非常百搭（幾乎可以掛在任何空間）。

128

在立體物件周圍懸掛空畫框

取下畫框上的玻璃和背板，留下畫框本身，然後把空畫框掛在牆上（畫框中間釘兩根釘子）。然後在畫框裡頭掛其他東西，製造出物件飄浮在畫框中的感覺。下面是幾種可以嘗試掛在畫框裡的物件。

1. 一把鑰匙（小支或大支都可，可用噴漆漆上亮色系，也可保留原色）

2. 一支精緻湯匙或跳蚤市場找到的廚房用具

3. 一條漂亮的珠串項鍊（珠子越大越好）

4. 一個復古芭比

5. 一個古董糖果罐或錫罐

6. 一個舊的兒童積木，上頭有你姓名的縮寫（或是你孩子及愛人的姓名縮寫）

這裡僅提出一點想法，所以盡量發揮創意！就連在兒童浴室裡，在無玻璃板的畫框裡掛一個古董藥罐，也會很有趣。

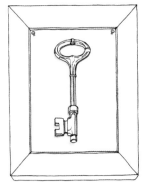
③

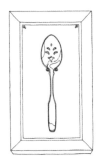
②

①

Bonus tip

掛鉤選擇

你可使用可拆式3M畫框用魔鬼氈，直接把一些物件掛在牆上，但是其他物件可以先綁上麻繩或緞帶，再把簡單的釘子或掛鉤放在畫框內，把物件掛上去。

129

把布料當藝術品掛起來

花色時髦的布料如果切成格狀，用許多畫框裱在牆上，或純粹當作一幅大型織錦畫，看起來都很迷人。一個畫框（或是數個畫框）可賦予布料現代感，而把一塊布直接用木釘掛起，或是在四角各釘幾根大頭針，將布料固定在牆上，則呈現更為質樸自然的風格。如果你想要有一件大型藝術作品，把布料牢牢固定在帆布上，或是一大塊木板上（我們就是採用這種作法），看起來會很酷。這種方式所需的布料大約只要一碼。在白色畫框中，裱進一小塊珊瑚黃的布料，同樣也很有層次感，很突出。

THE LIGHT OF NEW YORK ASSOULINE

130
填滿電視上方的空白空間

你的電視上方有空間要填滿嗎？一面精緻的圓形鏡能夠柔化電視的尖銳方形以及電視射出的光線。也可以選擇一兩個壁架，放上花瓶、藝術品或植物等，隨心情變化不同搭配物件。

131
加大小幅藝術作品

手邊的藝術品或鏡子掛在沙發或邊桌上方，看起來太小嗎？在兩端各裝上一個壁掛燭台，可為中央作品增添份量感和平衡感。此外，如果你的壁掛燭台是使用真的蠟燭，那就不需要拉電線的複雜工序了。

132　把讓你微笑的物件裱起來

你的家應該要讓你微笑。如果你的住家讓你厭煩、呵欠連連，甚至皺眉以對，那麼你得承認這不是你想要的效果。解決辦法呢？把一些會讓你像傻子般笑不停的可愛玩意裱框掛起來。這裡介紹一些點子。

＊童年時的塗鴉作品　　＊你不可能會丟掉的問候卡　　＊你熱愛的地點的照片或明信片

＊你小學最好朋友寫的紙條　・你的童年寶物，像是一支綠色玩具笛，或是早已破損的《絨毛兔》（*Velveteen Rabbit*）書衣（如果你還沒有這本書，快到eBay買一本）

＊你最愛的一場演唱會門票（啊，那些美好回憶）　　＊你最愛的幸運餅乾訊息

＊一系列瓶蓋收藏（裡頭有寫字的瓶蓋放在展示盒一定很有趣）

＊最近發生事件的紀念物，能讓你感到溫暖快樂（像是你姪子寫來的信，上頭寫錯好多字，把「你好棒」說成「你好捧」。」）

133

黛娜的罩布藝術

客座部落客創意

部落客
黛娜·米勒（Dana Miller）

部落格
HOUSE*TWEAKING
（www.housetweaking.com）

居住地
俄亥俄州西南部

最愛的顏色組合
白色＋麥黃色＋較亮的顏色

最愛的圖案
各種條紋

最愛的DIY工具
我的縫紉機

我的門廳有一整面空白牆面，極需要某種大型藝術品來裝飾。我想要上頭印上對全家人來說意義重大字句的作品。由於不想要花太多錢，我絞盡腦汁，創作出這個便宜但是極具個人風格的藝術品。

材料

＊透明投影片　＊大張帆布罩布

＊針線（或是熨燙滾邊帶或一台縫紉機）

＊金屬扣眼組　＊牆壁掛鉤　＊細麻繩

＊字母轉印貼紙或投影機（如果沒有，不要去買，試著向地方學校、圖書館、大學、教堂或企業借一台就好）

＊原子筆　＊油漆　＊幾支小型泡綿刷

＊幾支PVC細管或木釘

1　漆上格言。我到辦公室用品店買了透明投影片，把我兒子最愛的搖籃曲句子印在上頭。

2　把罩布掛上牆。我先洗過罩布，做好防縮水的處理。然後把罩布裁成我想要的大小，在頂端加上一排扣眼，再用細麻繩掛在黏在牆上的牆壁掛鉤上。

3　投影，描出字型。等罩布掛上牆之後，我把印在投影片上的搖籃曲摘句投影到罩布上（在光線較暗時進行這步驟最佳）。我用墨水筆把整句話描在罩布上。如果你沒有投影機，也可以使用字母轉印貼紙。

4 上漆。接著我用小支泡綿刷,把每個字母塗上一層我手邊就有的黑色無VOC油漆。我很小心,不讓油漆滲到背後的牆面上。

5 增加重量。等油漆乾透,我在罩布底端縫上幾根PVC細管,讓罩布有重量,變得更平整。你可以手縫、用縫衣機縫,或是使用熨燙滾邊帶加上細管。

最後,這個DIY的壁掛作品非常成功。作品規模夠大,讓我們門廳的牆面有了嶄新的視覺效果,也不用花到寶貴的地面空間;更重要的是,我只花了不到25美元。這個裝飾性質的印刷字體巧妙地與質感強烈的帆布形成對比。這作品不完美,上頭有許多皺褶和裂縫,但是對我們一家來說意義重大。每一次我走過時,都忍不住微笑起來。

做隻花蝴蝶！

134
加上幾隻立體蝴蝶

花費：0-$

難度：不流汗

耗時：一小時

ⓦⓦⓦ 你因為想找個不那麼貴的方式，在牆上增添一些立體趣味而捉襟見肘嗎？找本舊書或一份舊報紙（當然是你已經讀完的），然後拿幾根直腳釘，來做幾隻有個人色彩的昆蟲吧。

1. 上網找一個你喜歡的蝴蝶輪廓，印在**卡紙**上，製作出模板（或是用餅乾模及造型打孔機來做）。

2. 用你的模板，從**報紙**、**舊書**或**地圖**上剪下多隻蝴蝶。把模板放在摺起的書頁上，描出輪廓。再如下圖的作法，剪下書頁上的造型。

3. 用老舊的縫紉用**直腳釘**，把蝴蝶固定在牆上（用鐵鎚把釘子敲入牆中）。我們喜歡簡單釘子造成的嚴肅感，不會看起來太可愛。因為我們手邊已經有舊書和直腳釘了，這個計畫基本上是免費的。

Bonus tip

討厭蝴蝶？

這個創意可以用於各種小型圖案，所以你也可以剪出蜻蜓、鳥類、銀杏葉或任何你喜歡的圖案。

135

製作霧面效果玻璃畫框

花費：$
難度：流點汗
耗時：一小時

■ ■ ■ 你可以在五金行找到霧面貼紙（原本是要貼在窗戶或門上的），然後用霧面貼紙貼在畫框的玻璃板上，製造出半隱半現的效果。玻璃板背後，只有中央的畫作是清晰可見的（也就是你裁去方形霧面紙的區域），但是周圍仍隱約可見全貌。

1 小心把**畫框**上的**玻璃**取下，把玻璃放在攤開的**霧面貼紙**上。用**鉛筆**在貼紙上描出玻璃板輪廓，然後剪下這個方塊。

2 遵照使用說明，把霧面貼紙貼在玻璃板裡側。接著用毛巾擦乾剛剛黏上去的霧面貼紙，除去所有潮濕水氣。

3 找一個可用來製造霧面貼紙上方那塊較小的方形物件（像是鞋盒、一塊卡紙或是較小的畫框）。把該物件放在玻璃板上貼上霧面貼紙那面（用尺測量各邊距離是否相等），然後用鉛筆描出輪廓。

4 小心地用**美工刀**切割你剛剛描出的區域（用**直尺**幫助你切割出直線）。別擔心，這麼做不會傷到玻璃。

5 從剛剛裁去的方塊一角開始，慢慢撕去霧面貼紙。使用**去光水**來除去玻璃上的殘膠。

6 等一整天讓玻璃乾透，確保上頭不再殘留會傷害藝術品的液體，然後把霧面玻璃板裝回畫框中。

有人說糖霜（frosting）嗎？

④

⑤

Bonus tip

加大款

如果在一系列你想要巧妙統一風格的畫框上一齊使用這個技巧，看起來會非常酷。只要在這些畫框的面板上貼上霧面貼紙（同樣厚度或不同厚度），再掛回去，就能讓原本不相配的畫框有一致感，也能讓不相干的照片或印刷作品看似群組作品。一包霧面貼紙的張數應該夠你貼在六幅標準尺才的畫框上（或甚至是12幅較小幅的畫框）。

136

掛上舊樑托或燭台

在建築用品大拍賣或二手店，找個樑托或燭台直接掛到牆上，或是用噴漆噴上大膽顏色再掛上牆（我們用的是Krylon的Raspberry Gloss）。嗯，太有氣氛了。你甚至可以同時掛兩個，在藝術品或鏡子的兩端各掛一個。在走廊或放鬆角掛上一系列燭台或樑托也很棒，而浴室馬桶上方的垂直壁面空間也很合適掛一個。

這個仿銅燭台是在二手店買到的，只要50美分。

137

把藝術品掛（重掛）回正確高度

»»»　裝潢時常犯的一個毛病就是，房間裡的所有東西都掛得太高。我們怎麼知道呢？因為我們也這樣做過。後來我們學到了，把東西往下掛一些，會讓房間感覺起來更溫馨，同時也能讓天花板感覺更高。一般的原則是，掛得最高的那件作品，其中央應該要與人的水平視線齊高，估計應該是距地面147-152公分處。但是，有時如果作品是掛在沙發、茶几或玄關桌上方時，按照這個原則掛畫不一定好看。這時可以試著把藝術品的下緣對到距下方家具30-60公分處，讓藝術品和下方家具產生連結，而不是高高懸在空中。

這裡間隔30-60公分是不錯的作法。

① 照片重洗成黑白照片，
裱框起來，製造出經典風貌。

② 重新以有趣角度裁切照片，
然後放大（放大二到三倍
看起來會很棒！）

138

一張照片五種風格

下面介紹五種簡單方式，
讓你手邊已有的照片變得
更適合掛在牆上，
當做藝術品。

③ 照片裁成條狀或格子狀。
分別將每一塊裱框，
一起掛在牆上。

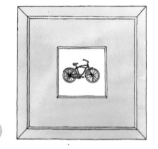

④ 選一個色彩鮮豔的厚質畫框或
裱褙板，增添更多個性。

⑤ 相片印在大張畫布上，
製造出陳列在畫廊的感覺。

開始收集

■■■ 無論是古董眼鏡、萬能鑰匙、木刻板印刷字母或是白色
瓷鳥,總有一樣東西正在呼喚你。(只是別告訴別人你的陶瓷
小鳥真的有開口叫你。)收藏品會讓住家感覺起來更有個性、
更迷人;此外,就像專業人士說的,把相似物件聚集在一起
(舉例:全都放在同個地點展示)會造成極大的視覺效果。你
知道的,讓它們散落在家裡各處,是不可能成為一個整體,被
眾人欣賞的。試著把你的所有收藏品放進展示盒裡,或是放在
壁架上或書櫃裡,把所有可愛東西集中於同一處。

140
製作貼花藝術

花費：$
COST

難度：不流汗
WORK

耗時：一個下午
TIME

用貼紙在帆布或木板上蓋住一塊圖案，然後把其餘部分塗上油漆。撕下貼紙，完成！你根本不用動手辛苦畫，就能有線條銳利，色彩對比鮮明的藝術品。

1　把形狀有趣的圖案（如章魚，或是你最愛的建築或紀念碑輪廓）印在辦公室用品店買來的**貼紙**上。

2　裁下圖案，黏到畫布上。（要將貼紙各邊角壓牢，這樣油漆才不會滲進去。）或是把貼紙貼在染過色的**木板**上，再用美工刀剪下圖案，像下面我們示範的方式。

3　整張畫布（或木板）漆上同一種顏色（我們用的是Benjamin Moore的Berry Fizz），確保貼紙邊緣都塗上顏色，才會有清晰線條。

4　仔細撕下貼紙，露出你的圖案。在油漆乾之前撕下貼紙，能夠製造出最清晰的線條；但是如果你擔心在油漆未乾前貿然行動會毀了整個作品，也可以等到油漆乾了再觸碰。

5　和自己擊個掌慶祝。（沒錯，看起來就像在打空氣。）

141
幫彼此素描

說服你親愛的另一半／最要好的朋友，一起來發揮你們的藝術天分，花個30分鐘為彼此畫一幅素描（用細黑簽字筆畫在小張素描紙上，或是拿鉛筆畫在白紙上，隨你高興）。坐在彼此身邊，邊畫邊說笑。我們承認這最後可能會有很糟的結果，但至少你們彼此展示自己的大作時，很有可能會爆笑如雷。還有，無論這些作品究竟有多糟，至少要把它們裱起來掛出來一週。奇怪的事會發生，你會覺得它們越看越可愛，最後讓它們掛在那更久一段時間。當然也有可能它們的「魅力」只能維持一小時，最後只能丟進垃圾桶。但至少你試過啦。

142

畫框以外的
幾種選擇

▨▨▨ 介紹幾個選項，讓你可以掛在牆上。

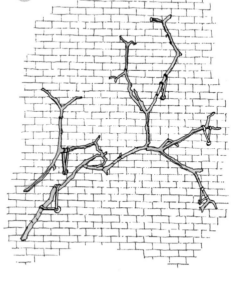

1 樹枝等撿來的物件

2 復古木頭或金屬標誌

3 壁掛燭台

4 盤子

5 圓形籃子或編織籃

6 百葉窗

7 舊窗戶

8 飄浮花器

9 懸掛式壁架

10 老式鐵架

11 大型3D字母或數字

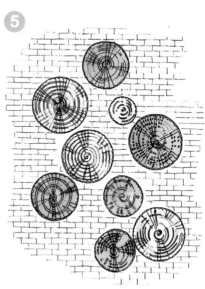

143

尋找免費藝術

▨▨▨　原來許多東西放在畫框裡，看起來都很棒。日常物品一被放在畫框玻璃內，看起來就變得很高級。我們甚至還把風景特別優美，設計特別突出的雜誌廣告裱起來。這裡還有幾種創意。

1　一根羽毛

2　照片或月曆上的插畫

3　字母的轉印成品

4　書封（或是內頁）

5　紙牌

6　不同票根集合在一起

7　舊圍巾

8　舊T恤

9　小張月曆頁面（在你最愛的日期用個愛心標記起來）

10　字卡

11　馬蹄鐵

12　大頭貼

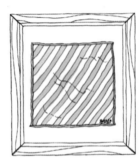

144

製作互相搭配的畫框

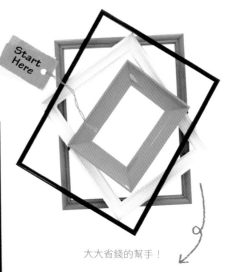

▧▧▧ 在二手店或庭院拍賣買齊各種便宜畫框，尺寸、形狀和風格迥異也沒關係。一個畫框不用幾美元就可買到。用噴漆把它們漆成同樣顏色（祕訣：選擇已含底漆的噴漆，覆蓋度最高；參見p.85，看更多噴漆訣竅），然後把這些畫框成組掛在牆上。無論你在各個畫框裡放什麼東西，統一的畫框顏色會讓個別物件成為一個群組。你可能還可以省下80%的畫框購買費。

大大省錢的幫手！

Bonus tip

增加畫框色彩選擇

畫框不一定只有黑色、巧克力色和白色等經典色選擇，淺灰，深炭，海軍藍，甚至是翡翠綠、淺藍綠、紅寶石色和亮黃色等色系畫框，掛在牆上也會很好看。色彩繽紛的畫框如果搭配上黑白色系的圖片，視覺效果特別好，看起來不會太混亂。

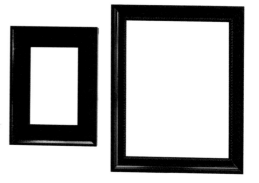

145

製作可變動的藝術品展示牆

花費：$

難度：不流汗

耗時：一小時

▨ ▨ ▨ 想要一個能輕鬆置換藝術品的展示場所，卻不想購買好多個畫框，或是不想在牆上釘出好幾百萬個洞嗎？你中頭獎了。如果在牆上拉一段繩子，用金屬夾把黑白照片或拍立得夾在繩子上，看起來會出人意料的時髦；而如果用亮色系的曬衣夾夾上色彩鮮豔的兒童畫，看起來既有趣又可愛。

1 找一面空白牆面，在牆上掛上兩個裝飾性**壁鉤**或兩根**壁釘**。拉一段**鐵絲**或**麻繩**，固定於兩端壁鉤。

2 使用**長尾夾**或**曬衣夾**，把所有你想展示的玩意夾上去（像是兒童的繪畫作品、你收藏的明信片或照片）。你也可以用噴漆把夾子噴成有趣的顏色。

146
當個攝影師

花費：$-$$

難度：不流汗

耗時：一個下午

▓▓▓▓ 拍幾張照片，製作你專屬的藝術品，這並不表示你要非常投入拍照（不必在湖邊苦苦等待天鵝游過之類的）。只要試著幫下面這些美麗事物拍幾張照片即可。

＊一根羽毛放在粗麻布上

＊一隻手拿著氣球

＊蛋放在漂亮碗中，碗則放在一大張白紙上

＊開滿野花的原野

＊籬笆或大門上的老舊剝落油漆

＊或任何其他東西，真的（要瘋了）

有時，重點不在你拍了什麼，而是你如何照的。所以，記得用有趣的方式來處理主題（例如靠物品非常近，或站得很遠），尋找特別的角度，讓你的照片更有趣。Costco或CVS都可用較便宜的價格幫你洗照片，又或者你可以試試線上沖印服務或是照相館。

147

製作有趣的
幾何藝術

花費：$

COST

難度：不流汗

WORK

耗時：一小時

TIME

▪▪▪ 面紙的材質是半透明的，貼在畫布上非常好看。你可以用面紙剪下同樣的圖案，像是三角形、圓形、六角形或是魚鱗狀，然後發揮創意，貼出你喜歡的圖形。下面是我們的製作方式。

1 在**卡紙**上描出馬克杯或杯子口的圓形，裁下成為模板。

2 用模板剪下**彩色面紙**（同一顏色的不同濃度可以製造漸層感，也可使用一些你愛的互補色）。不需要裁得非常完美（粗糙的裁切邊也是一種魅力）。接著把這些圓形圖案各裁成一半。

3 把這些半圓形在**畫布**上排成幾列，有點像是抽象版的魚鱗切片。用**泡綿刷**在畫布上刷一層Mod Podge黏膠，等排列出理想圖案後，輕輕在半圓形上頭也沾上一層黏膠，讓它們固定在畫布上。

148

製作相片花圈

花費： $
COST

難度：不流汗
WORK

耗時： 一到兩小時
TIME

■■■ 只要使用海報黏土（就是青少年拿來黏《暮光之城》海報的那個藍色東西），或是油漆膠帶，再加上黑白照片（拍立得或沖印在白邊相紙上的看起來特別棒），就能在牆上製作一個相片花圈，不會讓牆上變得滿是孔洞，也不需要永久保留。你可以用電腦把照片裁成拍立得大小，然後印在相紙上。接著開始裁剪相片，在相片周圍留出白框，就變成典型的拍立得風貌了。

不是你祖母做的那種花圈。

149
製作假鹿角擺飾

花費：$

難度：流點汗

耗時：一個下午

用一塊木板和一些裝飾紙來製作這個很酷的平面藝術，既簡單又便宜（我們只花了4美元！）。所以，走吧，讓我們狂野一下。

1. 找一張**裝飾紙**來製作你的鹿角（我們用的是Michaels的金色海報紙）。

2. 上網找一個鹿角圖案，然後描在你的紙張背面。把它剪下來，當做紙模（翻到另一面），製作第二根鹿角。

3. 視情況：把木板**染色**或**上漆**。

4. 用**工藝膠**把鹿角貼到木板上，在木板後方加一根**掛圖鉤**，把木板掛到牆上。

營造出街頭潮感。

150

現代版的「鍍銅」嬰兒鞋

花費：$-$$	
難度：不流汗	
耗時：一個下午	

這是傳統鍍銅嬰兒鞋的進化版（不需要融金屬）。

1　在**展示盒**的背板貼上鮮豔的**布料**或**紙張**。（如果你找不到適合的展示盒，選個普通畫框，然後把玻璃板移開也適用。）

2　把一雙**嬰兒鞋**噴上漆。（仿古銅色、深藍色、豔粉紅或是亮白色看起來都很漂亮，只要選擇與你的背板紙張或是布料最相配的顏色就好。）

3　等嬰兒鞋乾透，用**耐重黏劑**塗在鞋底，把鞋子掛到展示盒背板的布料中央。

4　把展示盒放平，等到所有黏膠乾透，再掛上牆壁。

Bonus tip

其他值得裱框的嬰兒紀念品

迷你靴子、醫院的身分證明手環、新生兒用的毯子和帽子、從醫院返家時的外衣、腳印，以及醫生寫的體重身高紀錄等物品，放在畫框或展示盒裡裱起來，看起來也很棒。

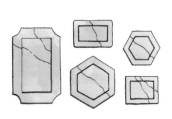

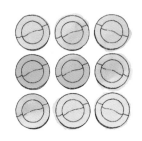

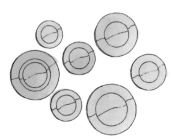

▲ 有角盤排成不規則形，
看起來很有藝術感。

▲ 使用對稱的格狀排列
絕不會出錯。

▲ 自由、不對稱的排列法
總是讓大家驚喜連連。

151 掛上許多盤子

把許多盤子掛在一起看起來會很酷。只要用瓷盤掛鉤來掛盤子即
可，你可以在手工藝用品店買到掛鉤，或上網訂一些風格不同的
掛鉤（一部分是隱形掛鉤，一部分則從盤子的邊緣露出來）。下
面是幾個你可以嘗試的排列方式。

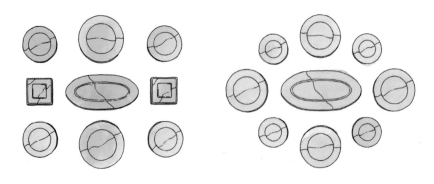

▲ 把一些形狀不同的盤子排在一起，
看起來更兼容並蓄。

▲ 在各角放一個較大型盤子的菱形排列，
看起來很有趣。

152

「委託」孩子
創作藝術品

讓你的孩子幫你們創作一幅作品，同時大玩一場吧，只要給他／她與特定房間裝潢相配的特定色彩。你甚至可以選用精緻的黑白色調，或是特別搶眼的顏色，如藍綠色、萊姆色或橘色。至於畫紙，你可以使用水彩紙、卡紙，甚至是亞麻、枕頭巾或是粗麻布等有質感的布料。嘿，一塊舊木板也很好看。

這張壁紙樣本只要幾美元。

參見p.186，看看我們是如何製作這個霧面畫框。

153

幫壁紙樣品裝框

就算你買不起100美元一捲的壁紙，還是可以花個5美元買壁紙樣本，這樣你每次看見就會很開心。只要找到線上賣家，或是到可讓你用一點錢購買樣本的裝潢用品行，選一個你最愛的花色（或是最喜歡的三種花色，製造出群組感）。在壁紙後頭黏一張裱畫卡紙，可讓你的壁紙樣本更有質感（讓整個作品占更大空間，更有獨特風格）。裱褙店和藝術用品店販售各種裱畫卡紙，你也可以用你喜歡顏色的壓克力漆來增添趣味。請見p.213，看更多這個主題的作法。

154

在門外掛些東西

■■■ 門周圍的空間常被忽略，但是這裡卻是能增加個性，讓路過的人都能感受到樂趣的地方。試著在門邊掛些小型物品，像是迷你假鹿角，或是和門口一樣寬的東西，如二手店買來的瘦長畫作。

鴨鴨！

155

製作簡單剪影圖

花費：	$
難度：不流汗	
耗時：一個下午	

■ ■ ■ 剪影圖可以採用經典的黑白版本，也可以用大膽顏色製造視覺震撼，給人現代又有趣的感受。你甚至可以使用這裡所介紹的方式，製作出你心愛寵物或物件的剪影。（在餐廳掛上三張不同裝飾椅的剪影也很有趣。）

低技術選項

1 幫你選中的主題拍照，相片要完全展露他／她整個頭的輪廓（還有身體，如果這是你想要的剪影範圍）。讓你的人生輕鬆點，在空白淺色系的背景上，如牆面或床單前拍攝照片。

2 在家裡或到相館把照片印出來，然後到影印店把照片放大。（試著先放大到200-300%，再從此範圍調整到你想要的大小。）

3 等你將想要剪影的範圍放大到理想尺寸，小心地將他／她的側臉（或整個身體側影）剪下。用剪下的照片當紙模，選一張你喜歡顏色的**裝飾紙**，在上頭用鉛筆輕輕描出剪影輪廓。

4 小心地把你描在紙上的側影圖裁下（小型針線剪刀很好用），然後拿另一張**顏色對比**的**裝飾紙**做為背景，用**工藝膠**將它黏上。

5 把側影圖裱起來，跳個慶功之舞吧。

高技術選項

1 幫你選中的主題拍照，相片要完全展露出他／她整個頭的輪廓（還有身體，如果這是你想要的剪影範圍）。讓你的人生輕鬆點，在空白淺色系的背景上，像是牆面或床單前拍攝照片。

2 用Photoshop等圖像處理軟體打開照片檔，然後在選項中選取「圖像輪廓」（試試Photoshop的Magnetic Lasso）。

3 將選擇的圖案範圍上色，黑色是經典款，其他顏色則更有趣。

4 改選擇剛剛未選到的區域，將整個區塊塗成白色或是其他與側影顏色相襯的色彩。

5 印出圖片，裱進畫框。

我們用婚禮上拍攝的
「新人親吻」照來做剪影圖。

156

製作指紋藝術

■■■ 我們說的不是CSI（不用逮捕誰）。這個指紋藝術等於是有趣的家族樹加上科學實驗室狂熱的成品。只要使用印泥，然後讓每個人在各自的指紋下方簽名即可。

157　製作家庭植物館

■■■ 這類具象徵意義的小小葉片家族，能夠為你的牆增添「驚嘆號」。

1　去戶外尋找代表你家每個成員的**葉片**（大片葉子代表成人，小葉子代表孩子）。把每張葉片鋪平，夾在**兩張薄抹布**或一件**舊T恤**之間。

2　用中溫**熨斗**把每片鋪在抹布下的葉片熨個8分鐘左右；熨斗要一直移動，定時檢查葉片是否變脆。

3　等葉片乾燥，把它們鋪在**紙**上，然後用小型字母章在每個葉片旁邊**印**上代表人物的名字。（貼紙或標籤也可以。）用**工藝膠**把葉片固定，再把這張紙裱起來。

158　製作郵票家族樹

■■■ 為了要給克拉拉熱愛郵票的祖父一個驚喜，我們製作了一個紀念家族的郵票家族樹。我們在郵票店找到了想要呈現的每位家族成員出生年份的郵票，有些早至1920年代！如果你在實體店面找不到，可以試試eBay或其他線上賣家。把這些郵票在卡紙上依照世代，每個世代一排，排成樹狀。在用黏膠固定郵票之前，使用細麥克筆和直尺畫上線條，把郵票連結起來。接著用郵票膠紙（在郵票店或上網購得）或是工藝膠把郵票固定在線條終點。這個具有重大意義的禮物只花了我們不到15美元（還含畫框）。

159

為裱畫卡紙上漆

▨▨▨ 只要用油漆刷和小型泡綿滾桶，簡單在畫框底板塗上幾層薄而均勻的乳膠漆，就能增添絕佳視覺效果。使用明亮的珊瑚色或淺綠色底板（或彩紅的七彩顏色），讓你的展示牆變成一道風景。

SEVEN

動動手

讀過我們部落格的人都知道，我對於某些陶瓷動物有病態古怪的狂熱。2006年，我在HomeGoods看到一隻90公分高的白色陶瓷狗坐在那，立刻就知道自己一定要花那29美元，讓它變成我的。所以一切就這樣開始了。我喜歡收藏古怪、有點陽剛氣的動物（比方我還收藏了一隻犀牛和一隻章魚）。所以甜美的陶瓷貓咪或神奇的陶瓷獨角獸都不是我的菜，我喜歡有稜有角的動物，就是那些你不會想在暗巷裡遇到的動物。

為什麼會喜歡陶瓷動物呢？我也說不上來。我喜歡被一堆我愛的東西圍繞（就連無法解釋為何喜歡的物件也算）。所以，我選擇為這項飾物上癮。我得說，陶瓷動物比你想的還好整理。它們大多是白色的，顯得很中性，很容易放在任何房間，也確實能增添個性和特色。它們有點像是摩登大膽又不平凡的雕塑品。我一直都很愛動物，所以為何不盡量多「收養」幾隻呢，對吧？

我一點也不想回想我收藏的第一隻陶瓷動物（從HomeGoods買來的心愛小狗）最後是如何突如其來地迎接牠的終點。當時約翰正在玄關掛幾個畫框，突然一個畫框掉了下來，直接砸在小狗堅毅的小臉上。真是一場悲劇。

我站在那裡，目瞪口呆，忍住不留淚，直到約翰把當時的場景畫了下來，想讓我開心一點。看到那張圖讓我笑到流淚，也讓我原諒了他90%。

還好我的動物園還有約12隻陶瓷好朋友，讓我不會常常想起這個不願回想起的一天。我可不是家裡唯一有收藏癖的人。約翰對於地圖和印刷工藝有些迷戀。

ACCESSORIZING IDEAS
家飾改造創意 >>>

而且，他對這些東西的執迷，就像1998年他迷小甜甜布蘭妮那般狂熱。（沒錯，在小甜甜布蘭妮還穿著女學生制服時期，他與全天下男性同胞一樣喜歡她。）但是回到現在，約翰喜歡收藏各種復古地圖集和地球儀，甚至藏有里奇蒙的印刷地圖（這項收藏結合了他對地圖和印刷工藝的喜愛）。所以，這裡要告訴你的是，讓你自己被各種你愛的飾物圍繞，向平凡家飾說再見吧。人生苦短，無法忍受普通家飾。

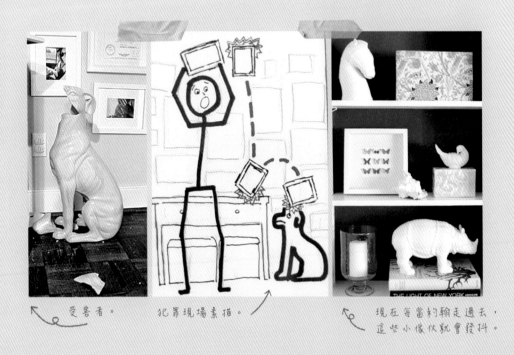

受害者。　　　犯罪現場素描。　　　現在每當約翰走過去，
　　　　　　　　　　　　　　　　　這些小傢伙就會發抖。

160

增添些紅色

■■■■ 把金屬椅或木頭書桌（見p.276 的教學）漆成紅色，可增添許多視覺效果。儘管房間裡只有一件紅色物品（如便宜的紅寶石色抱枕或紅色陶瓷鼓椅），都能夠喚醒整個空間。

請見p.287，看看我們如何製作這個枕頭。

Bonus tip

不喜歡紅色？

如果你討厭紅色，別擔心，試試用火橙色、亮黃色或豔粉紅。大膽、溫暖的顏色都能用類似方式，點亮你的整個房間。

161

在家中創造
專屬的家飾店

⬚⬚⬚　這聽起來就像一般常識，但是把你所有的裝飾品（花瓶、蠟燭、備用枕套等）通通放在同一處，能讓你更容易在家中「選購」家飾。你知道的，這能避免你在家中找不到東西，臨時掏錢出來買新的。所以，試著別把蠟燭收藏在一個櫥櫃裡，而把小型畫框放在另一個櫃子裡，枕頭套和花瓶則又收納在第三個地方。如果可以，請把這些家飾全收納在同一處，好比廚房裡多餘的櫥櫃、衣櫃中，甚至床下的儲物抽屜也可以。這樣你只要走一趟，就能看看手邊有多少東西可以運用。

評估物件是否值得購買

下面的步驟能幫助你評估物件是否值得購買。只因為價錢便宜，或是正在大打折並不是足夠的理由。以下問題，你應該要回答四個「是」，理想狀況是六個問題全答「是」，這東西才值得購買。

1　它放在我計畫要放的地方，是否能與整個空間搭配？如果我還不知道要放在哪兒，那真的能在家中找到適合的地方放嗎？

2　我喜歡它的線條嗎？（線條和形狀不是可輕易用油漆或織品改變的。）

3　它的保存情況良好嗎？如果不是，我有信心容忍它的不完美嗎？

4　它與其他手邊有的心愛物件可以互相搭配嗎？（根本沒必要買個會與其他物品相衝突的東西回家啊。）

5　這是你想長期收藏的東西，還是只是暫時狂熱？有時，省下錢來買你真正想要的東西比較實在。

6　如果該物件在打折，問問自己：如果這個東西沒有打折，我會買嗎？（這個問題測試的是你是否真的需要、喜歡這個物件，還是只是因為折扣一時失心瘋。）

162
用抱枕玩
搶椅子遊戲

把所有抱枕都移到同一個房間，看看它們在新家看起來如何。試著用從未用過的方式，隨意混搭枕頭。有時，你的眼睛需要一段時間去適應這些小小的改變，所以讓這些枕頭在新地點放個幾天，再下評論。你甚至可以把枕頭在一個房間的不同擺法拍照下來，再好好檢視哪種是你最喜歡的擺法。（比起站在那裡搔著頭不知如何是好，拍下不同擺法的照片讓你更容易去評估大小、形狀和顏色。）

163

增加（可能）不會 馬上枯死的植物

有些植物會讓你覺得自己是個失敗者（或更糟，讓你以為自己是兇手），如果你把它們種死的話。但是，別因為這樣就退卻，不願意為你家的每個房間找一些容易照顧的植物來增添生氣（和新鮮空氣）。這裡是一些黑手指欽點的植物，你應該不會種死（手指交叉祈禱）。

▲ 蘆薈
（種在白色罐子中非常可愛）

▲ 玉綴
（像蘆薈一樣簡單的多肉植物，
很難被養死）

▲ 蔓綠絨
（很撓口，但不會太費工）

▲ 波士頓腎蕨
（葉面成羽毛狀，很時尚）

▲ 竹子
（便宜、簡單又有禪意）

▲ 巴西鐵樹
（我們養一棵好幾年了）

▲ 洋常春藤
（適合英國人…還有大家）

▲ 黃金葛
（總是能皆大歡喜）

164
製作餐巾抱枕套

	花費：0-$
COST	

	難度：流點汗
WORK	

	耗時：一小時
TIME	

■ ■ ■　如果你無法幫沙發或床找到理想的抱枕，使用餐巾或餐墊來做是不錯的解答，而且餐巾通常品質良好，價格又便宜。

1　準備材料：一塊抱枕套需要兩塊同尺寸的**餐巾**或**餐墊**，還有**針線**（或縫紉機）。

2　把餐巾疊在一起。如果你的餐巾有所謂「好看的那一面」，切記把這兩面向裡相對。用縫紉機（或針線）把餐巾四邊中的三邊縫在一起。

3　現在把你正在製作的枕套由裡向外翻面，然後在裡頭塞一個和**新枕套同大小的抱枕**進去（太小的抱枕會讓枕套看起來過鬆）。如果你找不到同樣尺寸的抱枕，也可以拆開舊抱枕，使用**裡頭的填充物**。

4　用針線縫上第四邊。試著用細針縫，並選取與布料相配顏色的線來縫合，這樣縫線就不會太醒目。

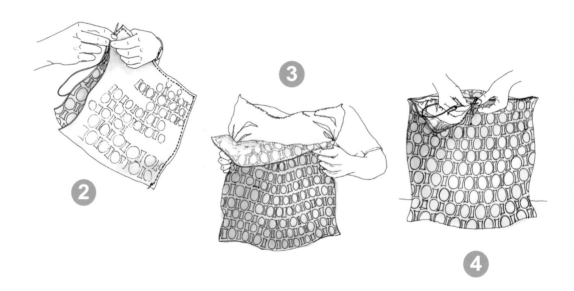

■■■■ 「回收」舊瓶塗上黑板漆，這個絕佳方式可製作令人驚喜的迎客花瓶。乾杯。

1 空酒瓶或汽水罐浸在肥皂水中，除去標籤。

2 等瓶子乾後，在上頭噴上一層噴霧底漆。

3 等底漆乾透，用油漆刷在瓶子上塗幾層薄且均勻的黑板漆，如果買得到的話，也可使用黑板漆噴漆。（我們在Jo-Ann Fabric用7美元買到幾瓶黑板漆。）

4 用幾根白色或彩色粉筆幫瓶子裝飾一下（畫上假的酒標、你的名字、寫給客人的話、最愛的數字、姓氏縮寫等等。）

165
製作黑板花瓶

來自我家回收籃的兩個透明水瓶和一個酒瓶現在成為燭台和花瓶。

166

採用「標誌性」物件

▰▰▰ 把具有個人特色或頗具意義的物件標誌起來，你知道的，就是那些讓你的房子變得像「你」的東西。花幾分鐘好好想一想，哪些物件代表你們的關係、你的人生或興趣，這樣就能讓選擇過程變得又快又簡單。每當你看到那類的藝術品或家飾，它們就會跳出來呼喚你的名字。或許你會被某些雕像、小動物、字母或數字吸引。以下則是我們的心頭好（還有喜歡的理由）。

1 數字7（我們在7/7/05開始約會，在7/7/07結婚。）

2 白色陶瓷動物，特別是犀牛（就只是因為會讓我們笑。）

3 大頭貼（從我們約會起，照了不下一百次吧。）

4 鑰匙（有被我們裱框當成藝術品的，有掛在牆上的大型鑰匙，對我們很有樂趣及魅力。）

5 檸檬和萊姆（是我們夏日婚禮的主要裝飾物。）

6 與紐約有關的東西（我倆在那裡相識相戀。）

7 蜜蜂（我們的喜帖上就畫了蜜蜂，在檸檬樹間飛舞。）

8 地圖（地圖上有各種小細節和材質，當上頭標記了我們生活或造訪過的地方，就變得特別有意義。）

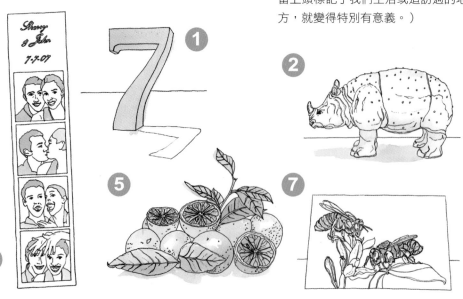

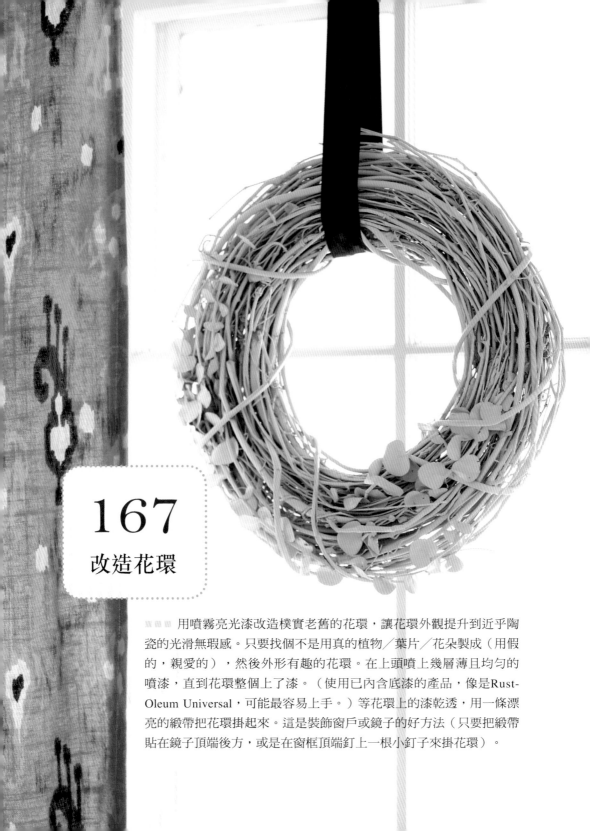

167
改造花環

用噴霧亮光漆改造樸實老舊的花環，讓花環外觀提升到近乎陶瓷的光滑無瑕感。只要找個不是用真的植物／葉片／花朵製成（用假的，親愛的），然後外形有趣的花環。在上頭噴上幾層薄且均勻的噴漆，直到花環整個上了漆。（使用已內含底漆的產品，像是Rust-Oleum Universal，可能最容易上手。）等花環上的漆乾透，用一條漂亮的緞帶把花環掛起來。這是裝飾窗戶或鏡子的好方法（只要把緞帶貼在鏡子頂端後方，或是在窗框頂端釘上一根小釘子來掛花環）。

168

讓舊杯墊升級

 花費：$-$$

 難度：流點汗

 耗時：一小時

■ ■ ■ 色紙＋膠水＝可愛小巧的杯墊。需要細節解說的人，請看仔細唷。

1　到居家修繕用品店買幾塊便宜的**瓷磚**，大小要能夠放茶杯；或是到二手店買幾個**便宜的杯墊**（通常4個1美元）。

2　到手工藝用品店買一些**裝飾紙**，大約是50美分一張。（我們喜歡使用四種不同圖案，製造出有趣多樣的感覺。）

3　拿一支鉛筆或原子筆，在裝飾紙背面描出每塊瓷磚（或是二手杯墊）的形狀，然後小心裁下。

4　用**工藝膠**把裝飾紙固定在杯墊或瓷磚上。

5　等膠水乾了以後，再於裝飾紙上方上一層Mod Podge，增加耐用性。

6　如果你用的是瓷磚，可能會想在瓷磚下方加一層**小防滑墊**（就是居家用品店賣的，讓你貼在椅腳下方，避免椅腳刮壞地板的商品）。如果你用的二手杯墊背後已有保護墊，就可以省略這一步。

169
把戶外風情帶入室內

很多戶外物件擺在室內也很好看,像是岩石、樹枝、苔蘚、貝殼、沙子、橡實、松果、樹葉,嗯,當然還有花朵。就連老樹殘幹也能改造成羨煞他人的邊桌。

Bonus tip

對蟲蟲說不

在展示之前,先把橡實和松果等東西加以冰凍,確保果實內不會有蟲蟲爬來爬去。而把較大型的物件先留在觀望區,像是車庫或密閉的日光室,一兩天過後檢查有沒有長蟲,再擺進室內。

▲ 收納鉛筆和筆

▲ 收納緞帶或多餘的釦子和線

▲ 在杯子裡加一些精油，插幾根竹枝，立刻變身全天然空氣清新器

170

除了喝水，杯子還能用來

這裡有五個使用杯子的其他方式：

▲ 裝滿棉花棒

▲ 在杯緣掛滿耳環

也可以在杯子裡裝滿花生醬啦！

171
在桌面墊一塊漂亮裝飾織品

花費：$-$$

難度：流點汗

耗時：一個下午

■ ■ ■ 如果你手邊有張平淡無奇的桌子或書桌，只要拿塊花色漂亮的剩餘布料，再加上一塊玻璃或塑膠玻璃板桌面即可改頭換面。

1 測量桌面尺寸，購買一塊**玻璃板**或**塑膠玻璃板**，裁成桌面大小。如果你是在居家用品店買塑膠玻璃板，許多店家都會提供現場裁切的服務；你也可以在當地的玻璃製造商訂一塊尺寸合適的玻璃（Google看看你居住地區有無這種服務）。我們在Home Depot買了一塊50×80公分的塑膠玻璃板，花了26美元。

2 裝飾**布料**裁成桌面玻璃的大小。（你可以把布塊四邊收邊，看起來較精緻；如果你選擇的是較質樸的布料，如粗麻布或不會磨邊的布料，也可以不收邊。）視情況：用**雙面膠帶**輕輕把布料固定在桌面上。

3 裁好的玻璃或塑膠玻璃放在織品上，固定住織品。大功告成。

172
外出為家裡帶回特別的東西

■ ■ ■ 來一趟小旅行（一天、一個週末或一整週都可以），然後在某個地點買些意義重大的物件。不是那種平凡無奇的觀光客紀念品，而是畫作、蠟燭、花瓶，甚或家具。每次看到那個東西就會想起旅行途中的有趣回憶。

173

不用油漆整面牆，就能為空間增添大膽色彩

wwww　無法漆你的牆嗎（不論是擔心自己的技巧，還是害怕房東生氣）？亮色系的抱枕、藝術品、地毯和窗簾都能增添不少驚豔，卻不需要你拿出油漆刷。許多愛好色彩的藝術鑑賞家會選擇白色牆面，好讓色彩繽紛的家飾跳出來，所以當提到嚴肅風格時，白色牆面不應該是阻礙。就算是較小的鮮豔飾物，如一疊書本或漂亮的亮色碗盤等，都能為原本平板的空間增添許多活力。

174

在用不到的壁爐裡放些東西

　　要裝飾老舊無用的壁爐有很多方式。下面是我們最愛的幾個方法。

＊一面鏡子斜靠火爐背板，前方擺一個托盤，上頭擺上明滅閃爍的蠟燭。

＊大盆蕨類

＊一疊疊精裝書

＊大型圓形編織籃

＊裱框藝術品（試試選三張高度不同的照片，一張疊一張，層層排列）

175
添加一絲詭異感

起初我們犯了錯，想把第一個家弄得正經八百，太過「大人味」，結果一點也不像個家。我們以為卡其色牆面、相互搭配的家具組和「大人味」的家飾才是標準。但是當我們開始淘氣，選擇喜愛的事物（更多色彩、有趣的家飾，再帶些怪異感），這個房子變得更像我們了。所以如果你覺得自己目前住的地方，裝潢太打安全牌，太一般，添加一些個人風格，不論是一對藍綠色枕頭、一個斑馬紋腳凳、一面大型蚌殼狀鏡子，或是可把這個空間從「行得通」變成「就是我的」的東西都好。

欸，怪胎。

176

打破舊的排列慣例，試試新做法

哇！不用花錢吔！

花費：0-$

難度：流點汗

耗時：一個下午

把所有家飾都收到一個方便檢閱的地方（像是大張餐桌或廚房地板）。讓所有東西一覽無遺，好幫助你創造出新的搭配法（並打破舊的搭配方式），打造出嶄新風貌。雖然你使用的是手邊已有的家飾，但是和不同物件搭配在一起，採取不同的顏色組合，看起來就會截然不同。如果你很難想出新的排列方式，這裡有些點子提供參考。

* 挖出所有燭台（水晶、木頭、玻璃等材質），一起放在壁爐架或壁架上。

* 看看有沒有同個顏色的不同物品（白色、綠色、黑色或豔粉紅），放在書架或瓷器架上。用幾個色調相近的裝飾品點綴在書本或盤子之間，看起來很棒。

* 拿一些色彩最明亮的家飾，一起放在玄關桌或餐桌中央的桌旗上。就算這些飾品的顏色各有不同，有時亮色就是和亮色相配，就算看起來會互相搶戲也是如此。

* 利用各種質感和材料。選擇一些滑順閃亮的物件，再搭配粗糙質樸的東西。抑或把上頭有圖案的物品放在乾淨簡潔的東西旁。

* 分別找出低、中、高三個高度的物件；三個一組排列，加上不同高度的物件擺在一起，通常很好看，就算這三個物品的風格看起來天差地遠。

* 找出用同材質（玻璃、木頭或金屬）做的物品，然後擺在一起，製造出協調的同色調風貌。

177
用書頁製作吊燈

花費：$-$$
COST

難度：流點汗
WORK

耗時：一個下午
TIME

■ ■ ■ 試著用童書、二手書店買來的小說、舊百科全書，或是生物圖鑑來創作。

1 在二手店找一面**鼓型燈罩**，或是到家飾店買一個。確認燈罩頂端有金屬環，讓燈罩能掛起來，或是接在燈具組上。（有些燈罩上頭會有金屬臂，上接扣環；有些則是從下方連接。）

2 找一本**舊書**，小心地用**美工刀**從書背處裁下你想要的書頁。（如果你不想毀掉這本書，也可以將書頁彩色影印。）

3 書頁裁成5公分或8公分寬的長條。

4 四條書頁黏成上圖所示的交錯狀（把書頁翻過來，遮住膠帶）。然後把黏好的書條頂端處向內摺，黏貼固定於燈罩上。

5 繼續翻摺並固定書頁，直到整個燈罩上都貼滿下垂的書頁邊，創作出Y字形邊的感覺。

6 加上燈具（Ikea有賣，約5美元），或單純地掛上燈罩（不需任何鐵絲），為角落的桌面上方增添趣味。

安全需知：
紙燈籠不該是火災的高危險區，所以要讓燈籠上下各留空洞，讓熱氣排出，此外燈泡也留下足夠的空隙（也就是說離紙沒那麼近）。使用CFL或LED燈泡會是好主意，因為它們比白熾燈散發較少的熱能。

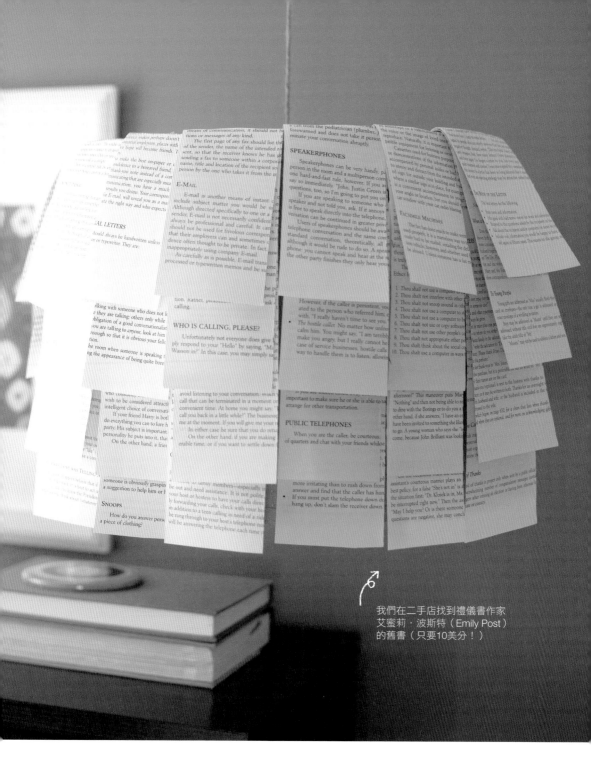

我們在二手店找到禮儀書作家
艾蜜莉．波斯特（Emily Post）
的舊書（只要10美分！）

178

幫枕套染色，製造夢幻迷濛感

花費：$

難度：流點汗

耗時：一個下午

■ ■ ■ 誰說自製抱枕的唯一方式是要縫製它們？只要使用染料，就能把買來的枕套變成自己設計的珍寶！

1　首先準備好材料。你會需要一張**100%純棉的枕套**和一些**布料染料**。（務必要詳讀染料包裝上的使用説明，上頭可能會寫出染程中所需的其他材料，像是鹽巴。）Ikea有販售便宜且品質不錯的素色枕套，我們這裡使用的就是。

2　在水槽、水缸或水桶中，按照指示調製染劑。我們使用Jeans Blue的Dylon染劑來染枕套。

3　枕套摺成1/4大小。然後把方塊的一半浸到染劑中，持續浸到染劑指示的時間再取出。

4　根據指示將枕套洗淨曬乾，小心不要在清洗時，讓染劑顏色沾到枕套上未染色的部分（先把染色地方放在水龍頭下沖洗，直到流出的為清水後，再進行整體清洗及曬乾步驟，以避免染到不該染之處。）

5　重複同樣過程，製造出你想要的枕套數量。

我們用在地下室找到的舊水桶，但是水槽或水缸都可以！

179

製作回收
玻璃罐書擋

■■■ 從回收箱找出玻璃罐（我們用的是義大利麵醬罐），撕去標籤。在罐子裡裝滿碎石、水或沙子，只要是能增加重量，支撐書本的東西都可。接下來鎖上罐蓋，用噴漆噴上幾層你喜歡的顏色，記得噴得薄且均勻。成品的漂亮程度，會和玻璃花瓶或陶瓷盆栽等你可能會放在書架上的東西一樣，而且還便宜得多。我們的玻璃罐書擋總共只要4美元。

180

脫掉精裝書
的書衣

■■■ 拿掉精裝書的書衣，可以揭開裡面美妙精簡的布質書封。書衣脫下後的書背也可輕鬆裝點你的書架或咖啡桌。

181

用墊圈讓
鏡子升級

▨ ▨ ▨ 我們在居家修繕用品店，花9美元買了30個大墊圈，用液體釘把它們貼在一面用4美元買來的二手鏡框上。等膠乾透，我們貼上鏡面，然後用亮白色噴漆（內含底漆的Rust-Oleum的Universal）幫鏡框上色。其他可以嘗試的顏色包括仿古銅色、黑色、亮紅色、淺珊瑚紅、芹菜綠，或任何吸引你的顏色。

182

裝上新燈罩

花費：$-$$

難度：流點汗

耗時：一小時

找找手邊的布料做燈罩。用不到一碼布和熱熔膠槍，就可以讓它改頭換面。四面同寬的吊燈燈罩最容易製作，你可以把接縫做在背面，就沒人會看到（就像所有燈罩一樣）。

1. 首先選擇你喜歡的**布料**。從厚實的中性色到大膽的圖案布料都可以，只要避免太厚重的布料，才不會遮住太多光線（但透明光滑的布料可能比輕質棉布的經典選擇來得難處理）。

2. 測量**燈罩**的高度和周長，把每個數字加個5公分，然後按照該尺寸裁剪布料。如果你的布料上有圖案，確保裁剪時要對直。你會得到一個比燈罩稍大一點的長方形。

3. 使用**熱熔膠槍**，把長方形布料的其中一個短邊，垂直貼在燈罩的後面接縫處（只要在邊緣擠一條熱熔膠應該就能固定）。

4. 接下來這一步驟由兩個人一起做比較好。在燈罩各邊上方緊拉布料，將各端向內摺1.3公分，製造出精心的收邊。同時，請你的幫手在你已經貼上布料的原來邊線上再上一條膠。

5. 把摺起來的邊線對準那道膠黏好，固定在燈罩上。你的圖案可能無法完全對齊，但是因為邊縫會放在後頭，所以沒關係。

6. 多餘的布料摺到燈罩上下兩方，黏在燈罩內緣處。同樣的，這一步驟最好有幫手幫你塗膠，讓你能夠沿著燈罩，把布料壓到膠上。遇到燈罩的金屬骨架時，你可能要小小裁剪一下，讓布料能夠順利摺好。

安全需知：
大多數布質燈罩都是使用黏膠固定的，所以等膠塗上後，不應該會有東西熔化或滴落的風險。（燈罩通常距燈泡有一定距離，所以燈泡的熱不會影響熔膠。）

附註：請上younghouselove.com/book看更多照片和祕訣。

翻開下一頁看看成果吧！

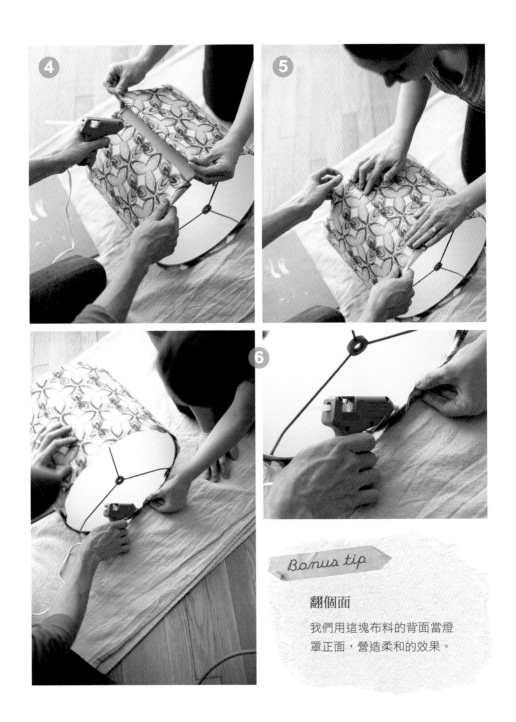

翻個面

我們用這塊布料的背面當燈罩正面，營造柔和的效果。

183
幫舊陶瓷燈的底座上漆

花費：$

難度：流點汗

耗時：一小時

❚❚❚ 有時候，增加一點鮮豔的色彩恰好可以成為補足「失落一角」的妙方，讓整個房間亮起來。所以找一盞你手邊已有的燈具（或是到二手店找舊貨），讓你的房間亮起來。

1 移除燈罩和其他相關五金。燈泡插座和電線用**油漆膠帶**封好，避免沾到油漆。

2 用**噴霧底漆**在燈座塗上幾層薄漆，再上三到四層你想要顏色的**噴漆**。翻到p.85，看看幾個基本的噴漆訣竅。如果你喜歡，也可以用油漆刷和乳膠漆來上色（我們用的是Benjamin Moore的Hibiscus），只是要記得把漆上得薄而均勻。

3 等待足夠時間讓油漆乾透，再把燈罩裝回去，接著你就可以沉浸在燈光中了。

184
幫燈罩上漆

花費：$-$$

難度：流點汗

耗時：一小時

❚❚❚ 在燈罩上製造一些意想不到的趣味，讓空間變得更有趣。只要到手工藝用品店，花2美元買一條便宜的壓克力漆，就能創造嶄新風貌。試試下列建議的幾種圖案，或是發揮你的創意創作獨特的圖案。

*高對比的斑馬線條（上網找範本，用鉛筆輕輕在燈罩上描出圖案，再用油漆填滿。）

*經典水平條紋（用油漆膠帶當指引。）

*在燈罩頂端和下端畫上飾邊和條紋（就像我們在油漆膠帶幫助下畫上的這些條紋。）

*字母印花（在手工藝用品店找一個印模，用平頭印模刷輕輕塗上漆，再在燈罩上按按按。）

*一些摩登或復古的圖形，像是淚滴、重複的圓圈、六邊形等

185

在陶瓷燈座上畫圖

██ ██ ██　拿起油漆補漆筆（銀色、黑色、白色，任何顏色都行），在素面燈座上畫一些具質感和有趣的細節。什麼圖案都行，從粗糙的直線、不規則的波浪，或一些連環圖案。我們用的是白色的Sharpie油漆補漆筆，然後花了8分鐘在燈座上隨意畫上幾根帶葉的樹枝。

訣竅： 實際在燈座上畫畫之前，先試著在紙上畫幾次你想畫的圖案，先演練幾次再畫。

186

用緞帶幫燈罩加上飾邊

██ ██ ██　做這個計畫，你只需要一盞燈、足夠環繞燈罩頂端和底部的緞帶，還有一把熱熔膠槍。

1　找到你要用的**緞帶**。（手邊已經有了？那更好！）我們喜歡在中性色調的**燈罩**上，使用清爽的顏色，如黑色、白色、海軍藍、萊姆色或巧克力色。

2　用緞帶把燈罩的頂端包住，多留2.5到5公分以測安全，然後剪下來。底部也重複同樣步驟。

3　用**熱熔膠槍**把頂端和底部的緞帶黏上，確認上下兩者的接縫處位在燈罩同一側（這樣就可以面牆擺放）。使用黏膠之前，先把交界處的緞帶內摺（或是重疊），製造乾淨俐落的邊邊。

187

幫玻璃燈座鍍金漆

花費：$-$$

難度：流點汗

耗時：一到兩小時

▓ ▓ ▓ 玻璃＋金色＝棒呆了。既然你手邊沒有金條可以熔化，下面這個步驟可能是第二棒的事。

1 用**金色工藝漆**和**小支油漆刷**，沾上足夠份量的漆，畫出你想要高度的水平線，然後把那個高度以下的部分都塗滿漆（我們用的是Deco Dazzling Metallics的Glorious Gold）。

2 漆上一層漂亮的厚漆後（這可能是我們唯一鼓勵漆厚一點的時候），所有金漆放乾。這時看起來可能很糟，你或許會失去信心，認為這個計畫不會成功。我們記得自己當初的反應。但是，冷靜一點，朋友。

3 等看起來很糟的第一層漆乾透以後，再上第二層漆，同樣別小氣（塗上一層厚且均勻的漆，當然不要糊成一團或滴得到處都是，但是我們也不會說這是薄薄一層漆。）

4 花一點時間讓第二層漆乾透，然後再漆上第三層。（要花點時間讓三層厚漆乾透，得到最後閃爍的表層，但是等一切完成，我們非常滿意，還想自己為什麼要擔心。）

5 欣賞你的傑作，這個只要3美元工藝漆成本的成品，閃爍起來就像是數百萬的高級貨。

188

換掉一兩個門把

■■■ 把舊門把換成新鮮閃亮的新門把能讓你的屋子年輕好幾十歲。到Anthropologie等特色家飾店,或是到庭院拍賣或二手賣場尋找具特色和魅力的商品,用來換掉家中80年代裝的銅質門把,不只能夠讓整扇門煥然一新,更能增添整個房間的美感。我們參觀過一間房子,屋內鋪了黑檀木地板,每扇門上都裝了白色大型陶瓷門把。深色地板和亮白色門把的搭配相當美妙。誰知道光是門把就能帶來這麼大的不同呢?它們就像是散落屋子各處的小小優雅驚喜。

189
舉辦抱枕交換大會

	花費：免費
COST	
	難度：不流汗
WORK	
	耗時：一個下午
TIME	

■■■ 請你最親近的五名朋友，每人帶一到兩個他們不再喜歡的抱枕來，然後大家交換，讓每人都拿到一個新抱枕。這聽起來有點奇怪，但是我們真的這麼做過，而且蠻好玩的。反正這是免費的計畫，所以值得一試，對吧？你要交換檯燈、花瓶、藝術品，或是地毯和腳凳等較大型家具也可以。所以，如果你喜歡的話，可以舉辦各種居家用品交換大會。

190
除了結婚照以外的紀念品

■■■ 除了展示結婚照，有無數種方式在居家裝潢中帶入你倆的感情。舉例來說，你可以把婚禮雞尾酒會上使用的餐巾、蜜月地點的地圖、兩人第一次約會餐廳的菜單裱起來。你也可以掛上代表你們紀念日的數字（或是對你倆意義重大的日子），或是做成紙鎮放在書桌上。有時重感情很OK的。

191

試試彩色黑板漆

■■■ 現在手工藝用品店、五金行，甚至是網路上，都可以買到各種不同色調的黑板漆。所以你可以直接買到你喜歡的顏色，用在不同地方，像是…

＊鏡框或畫框上　＊鑲板門　＊托盤上

＊你手邊已有，想要進行改造的黑板上　＊儲物盒上

＊幾乎所有你想要漆的地方都可以　＊花盆上

192

自己製作黑板漆樣本

■■■ 這裡教你如何製作小份的黑板漆樣本（製作過程要快一點，使用的速度也要快，不然馬上就會變硬）。把一份任何顏色的樣品漆（我們用的是Benjamin Moore的14 Carrots），混合一茶匙五金行買的未加工填縫劑混合物，然後攪拌均勻，不要產生顆粒或疙瘩。使用小型泡棉手工藝刷，沾上你的調和漆塗上幾層薄且均勻的漆。你可能要塗上好幾層（可以先上底漆再塗黑板漆，增加耐用度）。如果漆乾了，你覺得表面凹凸不平，再用200號砂紙來磨平成品。接著拿一支粉筆，用粉筆側身在整個表面上塗畫，測試是否成功，再用濕抹布擦去剛剛塗畫的痕跡。

193

在枕頭上畫畫

花費：0-$

難度：不流汗

耗時：一小時

我畫的線並不完美。
但是這也是作品的魅力所在。

■ ■ ■ 在枕頭上畫畫，聽起來有點…可疑。但是，如果你選擇的圖案和顏色能夠讓舊枕套提升檔次，看起來絕對很高級。我們使用金色和白色，選擇畫上幾個大小不同的方形，創作出我們很喜歡的幾何感。沒錯，我們要承認這一開始看起來有點嚇人。但是刺激得嚇人，不是噁心得嚇人。

1 找一個純白或單色調的**抱枕**或**枕套**（我們的枕套是用7美元在Ikea買到的。）

2 用任何顏色的**細頭馬克筆**在枕套上畫出你想要的圖案。（也可以用Sharpie的廣告顏料筆，但是可能無法用洗衣機清洗，所以建議局部清洗。）

3 為確保你選用的馬克筆不會滲開，先在不明顯的地方測試一下，再開始畫圖。

4 從樹枝、葉片到幾何圖形，或是有機螺旋體，什麼圖案都可以嘗試。你可能想在紙上先練習一下，再畫到枕頭上。

194
擁抱讓你開心的事物

■ ■ ■ 你愛的事物可為住家增添不少風味。舉例來說，如果你喜歡馬匹，不要只掛上照片，可以試試馬蹄鐵或馬頭書擋等物件。如果你喜歡特定球隊，找一張復古海報或紀念品，陳列出來。如果你對某個樂團著迷，找一張很酷的演唱會海報或是紀念T恤，裁成方塊裱起來。還可以帶一台老式拍立得（或是使用有相片處理功能的智慧型手機app），參加演唱會拍幾張照片，然後洗出來釘在牆上。如果你喜歡老車，找些復古車款明信片，甚或是很酷的汽車零件，如舊方向盤，把它們掛在牆上，當成掛外套或狗鍊的地方。

▲ 試管

▲ 玻璃罐

▲ 玻璃汽水瓶
（Izze的瓶子
總是很迷人）

195
花瓶以外的幾種選擇

沒錯，花瓶也很好，
但為何不試試把花朵插在其他地方呢？像是…

▲ 老舊陶瓷牛仔靴
（我們在二手店買到的）

▲ 舊的湯罐頭
（向安迪沃荷致敬）

▲ 酒瓶
（用粗麻布、緞帶或
布料包住瓶身）

196

隨著季節轉換而改變

■■■ 沙發上的彩色麻布或棉質掛毯換成大張人造毛毯，讓屋子溫暖起來，讓房間定調。介紹幾種你能轉換一些季節風味的方式。

* **藝術品和後方的襯底。** 如果以往在春、夏、秋季，襯底通常都是白色，那麼大張、豔紅色的襯底很適合年底的節慶氣氛。

* **蠟燭。** 某些香味很有季節感，像是春天的亞麻花或水仙、夏天的西瓜或鳳梨、秋天的南瓜或紅莓、冬天的杉木或薑餅。

* **桌旗或布質桌巾。** 春天時可以使用輕質亞麻；夏天時使用亮黃色或大型花朵圖案；秋天使用黃麻或秋麒麟草；至於白色、紅寶石色或萊姆綠則用於冬天。

* **抱枕。** 任何明亮搶眼的顏色都宣告著春夏的到來；而琥珀色、金色和巧克力色則帶來秋意；鬆軟的毛海和天鵝絨則代表冬季。

197

把物件陶瓷化

■■■ 下面這些物件各只要一美元（我們是在二手店或Target的一美元拍賣中買到的），然後用內含底漆的亮白色噴漆在上頭噴幾層薄漆，製造出新鮮的陶瓷感。

見p.153，看看成品放在書架上的樣子。

198
按季節更換家族照片

光是更換你相框裡的個人照片這等小事，就夠讓你沉浸於季節感中。夏天時，展示到海灘玩的照片相當合適；而滑雪和過往幾年耶誕節的照片很適合冬天。如果要簡單儲存，可以把每個季節的照片依序排列（藏在目前正在展示的照片後方），放進相框中。這樣你就不用到處尋找合適的照片，可以簡單更換不同照片。

199

妮可的簡易花瓶升級法

客座部落客創意

部落客
妮可・巴爾赫（Nicole Balch）

部落格
Making it Lovely
（www.makingitlovely.com）

居住地
伊利諾州，橡樹園（Oak Park）

最愛的顏色組合
粉紅＋金色

最愛的圖案
大花

最愛的DIY工具
五合一油漆工具

我需要送朋友一個純白色花瓶，所以我想到或許可以用紙包住玻璃花瓶。但後來我決定，如果把白紙換成不同顏色和圖案的紙，會更有趣，所以我開始想該怎麼做。

材料

＊簡單的直邊透明玻璃花瓶　　＊膠帶

＊大張裝飾紙　　＊鉛筆　　＊剪刀

＊可以放進花瓶裡的較小型花瓶、容器或玻璃瓶（如果你計畫要插鮮花的話，用它來裝水）

1　**描出花瓶形狀。**我把花瓶一側放在裝飾紙上頭，邊轉花瓶，邊在上邊描出其形狀。接著，我又反轉回去，然後再沿著下邊描。

2　**裁下描出的裝飾紙。**沿著我畫出的輪廓線，我裁下紙模，然後放在花瓶裡，看看是否合適。

3　**修邊。**我裁出來的紙模有些高，所以在紙模頂端做出瓶緣的記號，再沿著記號裁去多餘部分。

4　**用膠帶固定。**取出合適大小的紙張，把紙背貼著花瓶，然後沿著花瓶內緣貼住裝飾紙。

5　**裝進一些美麗的東西。**最後，就可以準備較小的花瓶放進去，這是為了要在裡頭裝點水，插些漂亮的鮮花。

我喜歡這個計畫做起來又快又容易，而且也很便宜。家裡有個漂亮容器插滿鮮花，多棒啊，更棒的是，你知道這是你自己做的！

EIGHT 好好玩

要說我們這輩子最具野心的宴客任務，非在後院舉辦的婚禮莫屬，我們決定親力親為婚禮上的大小事（沒錯，就連食物也是──我們事先做了許多東西，還請家人來幫忙烤肉，製作好吃的藍紋起司漢堡和雞肉蘋果香腸）。我們甚至說服約翰的表弟和好友來幫我們主持婚禮儀式。

直到今天我們都還搞不清楚，當初到底是著了什麼魔，竟然一手攬下這一切；在那之前，我倆「招待」過最大群客人是五人（而且多叫披薩或直接做一大碗義大利麵充數）。

但是我們失心瘋，興奮地開始計畫，要把我們的後院婚禮，變成非常個人、值得紀念的特別甜蜜日子。整件事本來是很煩雜嚇人的，但是我們把該做的事拆解成一個個小計畫，規定每天要完成多少（這無價的技巧，後來在我們踏上居家改造／寫部落格時，大大派上用場）。所以一開始，我們專心尋找主題色的靈感，最後竟然在一包Target的紙巾上找到，上頭的包裝印滿檸檬和萊姆。

整個「從餐巾出發的起點」，讓我們想到可以在圓筒狀玻璃花瓶裡裝滿檸檬和萊姆，桌上不放花，改成沿著桌旗擺上一整排祈禱蠟燭。我們還自己設計喜帖，在卡紙兩面各畫上小棵檸檬樹，旁邊飛了許多小小黃色蜜蜂。清新的夏日氛圍還延續到我們掛在餐桌上方的燈泡光源，還有我用折扣布料自製的淡黃色編織布桌旗。

ENTERTAINING IDEAS

娛樂創意 >>>

那一天的經驗讓我們學到，就連完全沒經驗的人也能舉辦一場派對，只要找到靈感來源——一些有趣的點子，能讓你想到其他點子，從那個創意開始讓靈感如滾雪球般，越滾越大。所以，只要記得把大型任務拆解成幾個小計畫，才不會讓整個任務看起來太嚇人。如果像我倆這樣的新手都能在後院舉辦有75名賓客的聚會，那麼誰都可以在家裡舉辦小型派對，不需要忙到焦頭爛額。

我在婚禮前兩天才買好這件禮服。

嗯，婚禮這場合就是你可以大剌剌把你的照片放在任何東西上，卻沒人會責怪你。

1 ▲ 沙子和柱狀蠟燭

2 ▲ 開心果

3 ▲ 幸運餅乾

200 六個方法快速搞定餐桌主飾

如果要創造不同的自然餐桌主飾，又不會擋住對面賓客的臉，
摩登的圓筒形或方形花瓶可以有非常多種變化。
用不到兩分鐘，就可以在裡頭放入許多東西，
放在長形餐桌（或圓桌）中央，既簡單又時尚。

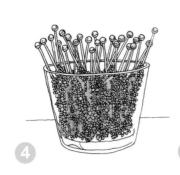

4 ▲ 麵包條或棒棒糖
之類的長條狀點心

5 ▲ 麻線球或毛線圈

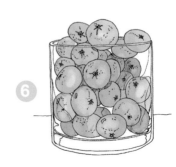

6 ▲ 新鮮水果
（如綠蘋果、檸檬和
萊姆或柳橙）

201

製作個人化的
座位卡

到戶外收集一些表面光滑的圓石，或是到家飾店買一袋河石，在上頭用貼紙貼上每名賓客的名字縮寫，製作字母印花座位卡。如果你舉辦的是產前送禮會，每塊石頭可以貼上joy或sweet等字樣，如果是節慶派對，則可貼上雪花等圖案。石頭除了當座位卡，還可當作極佳的小禮物，讓賓客帶回家。而姓名縮寫只要處理單個字母，簡便許多。

Bonus tip

別出心裁

你也可以做在米粒上，一定會讓朋友大大佩服。（開玩笑的啦，肯定很困難。）

202
把氣球帶進室內

花費：$-$$

難度：不流汗

耗時： 一到兩小時

■■■ 沒有什麼比許多氦氣氣球飄在房間天花板上更能帶來歡樂氣氛的了。如果是孩子的生日派對，選擇彩虹顏色這種有趣的色彩組合，如果是為成人舉辦的新年慶祝活動，選擇金色或白色的精緻色彩組合。有些柔和飄逸的色彩甚至可以用於婚禮或送禮會的背景。而一堆黑色氣球用在萬聖節或退休派對可能也很有趣。

203
製作歡樂的派對花環

■■■ 標語旗幟和派對花環有各種形狀大小，可為活動增添許多情調、興奮愉快的色彩。你可以用任何東西來做花環，用緞帶或麻繩綁著紙張、布料或氣球等等。就連面紙揉成小球，在裝飾紙上印上心形、圓形和星形，掛在屋內看起來都很棒。花環掛在窗簾桿、壁爐架、窗台和門口，很快就能讓你的空間有趣起來。我們用字母貼紙、裝飾紙、緞帶和繩子，做出上方這三個派對動物。

204

把鏡子或畫框變成托盤

1 從客人不會進入的房間,如臥房,拿下一面鏡子或畫框。

2 快速將玻璃或鏡面擦過一遍,把畫框放在咖啡桌上,上頭擺上裝著開胃小點的小碗或小盤。

3 為了免去派對出醜,歡呼一下吧。

COST 花費:免費

WORK 難度:不流汗

TIME 耗時:10分鐘

■■■ 如果你發現自己迫切需要托盤,卻沒時間跑出去買一個,可以利用壁掛鏡或大型畫框來解燃眉之急。許多時髦的度假村會用鏡子或玻璃畫框當托盤上菜,所以用你手邊有的材料來替代,沒什麼好丟臉的!

Bonus tip

藏起浴室防滑墊

你要舉辦團體聚會嗎?把礙眼的浴室防滑墊藏起來,馬上就能讓房間變得更乾淨、更大,大家也不會一直在上頭踩來踩去(讓防滑墊變髒變糟,對浴室可沒好處。)

205

添加加分小物

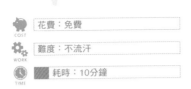

■■■ 它們絕對不是每場你舉辦的居家派對都會出現的物件,但有時你可能想要找一些便宜小物,放在客人的餐盤上,做為迷人的小禮物。這些小物不一定要很貴,試試小型裝飾品、在迷你花瓶插入你在院子摘的小花或樹枝,或是一顆顆包裝好的糖果。你甚至可以玩一些花俏的,像是舉辦畢業派對時,在每個人的盤子或餐巾上放一些聰明豆巧克力。這些體貼小物不需花大錢,卻可以為妳贏得「餐會女王」的地位。

206

創造氣球走道

花費：$-$$

難度：流點汗

耗時：　一到兩小時

■ ■ ■　買一些已吹好氣的氣球（你也可以借打氣筒來自己充氣），選擇乾淨、現代的色調搭配，像是純白、黃色和奶油色，或是巧克力色和金色。在氣球下端緊緊綁上沙袋或大石塊增重。（綁緊是重點，你可不希望每當風吹來，這些傢伙就飛走了。）

207
艾比的甜美主飾

客座部落客創意

部落客
艾比·拉森（Abby Larson）

部落格
STYLE ME Pretty
（www.stylemepretty.com）

居住地
麻州，波士頓

最愛的DIY幫手
艾琳，永遠都是艾琳

家中最愛的房間
女兒的臥房

最愛的房間裝飾法
粉色花卉

■■■ 我一直在尋找漂亮的方式為婚禮裝飾帶來一致感和風格，卻不用燒乾荷包。如果這個方法也能用在你的家庭派對（或日常餐桌）上，嗯，那就更好了。

材料

＊你收集的花瓶、器皿和玻璃容器（我用的是空果汁玻璃瓶以及多年前花藝師送我的花瓶）

＊噴霧底漆　＊白色亮面噴漆

＊經典金色的金屬光澤漆

＊保鮮盒或碗　＊油漆刷

1　噴上一層底漆。首先，輕輕為花瓶上底漆。我上了兩層，在距離容器30公分處噴灑，兩層漆之間間隔20分鐘。

2　用噴漆把花瓶噴成白色。我噴了三個薄層，在距離容器30公分處噴灑，每層漆之間間隔30分鐘。薄層遠比漆得太厚，後來還出現向下流淌的痕跡來得好。如果是透明玻璃，你可能需要再多一層漆。

3　加點金色。金色金屬光澤漆倒進塑膠保鮮盒，容器要夠大，足以讓花瓶瓶口浸入。使用中型油漆刷，把花瓶內側塗上金漆。我從底部開始塗，然後一路向上塗到瓶口。大膽使用光澤漆時，可以犯一點錯沒關係，反正一些漆痕只會增添手作感。

4 **浸下去。**輕輕將每個花瓶的瓶口浸入保鮮盒中的金屬光澤漆，將花瓶轉一轉，在瓶口頂端製造出隨性不均勻的效果。這絕對不用看起來很完美，你追求的是手作的魅力和甜美輕鬆的感覺。

5 **放乾。**花瓶反過來放一到兩分鐘，時間取決於花瓶大小和你使用金漆的份量。倒過來放能夠避免未乾的漆在瓶子直放時滴落，在瓶身留下痕跡。使用花瓶前，讓所有漆乾透。（花瓶應該放一小時就能乾透，但我還是讓它

們乾了一夜，再加水插入鮮花。）如果你擔心在裡頭加水會毀掉你在內側塗的漆，那麼用一個較小的容器放在花瓶裡，這樣就能讓花瓶內側保持乾燥。

大功告成！一系列大小不一的二手瓶罐有了嶄新的手工魅力，與你在商店看到的瓶子一樣美麗。在晚餐派對開始前，在美麗的瓶子裡插些漂亮的花朵，放在餐桌中央。你甚至可以用這個方式來處理幾個圓形碗，用來放你的珠寶！

208
幫飲料桶
印上圖案

■■■ 如果活動是在戶外
舉辦，有個飲料桶能讓
喝飲料變得方便。你需
要一個鍍鋅金屬桶或是
水桶、一個印模，和一
些戶外用乳膠漆（我們
使用的是Valspar的Full
Sun）。試試印上簡單的
標籤「檸檬汁」或是用
一些圖案來代替（檸檬
圖案代表檸檬汁，葡萄
代表紅酒等）。用膠帶
把你的印模固定在乾淨
的水桶外層，慢慢地用
小型泡綿印模刷沾上一
層均勻乳膠漆。等一個
圖案乾透，再於其他部
分重複印上這個圖案。
接著，你就可以準備辦
派對，讓這個剛印好圖
案的桶子派上用場。

209
幫客人準備客房

我們知道，要招待別人在家中過上幾夜有多嚇人。有個辦法能確保你的客房舒適，讓訪客使用便利，那就是自己在裡頭住上一晚，看看到底缺了哪些東西。舉例來說，你可能會發現客房中少了放杯子的地方，或是無處可以幫手機充電。下面是幾個你可以看看有無缺少的品項。

＊有地方讓你的客人放行李／袋子嗎？

＊有沒有百葉窗或窗簾阻隔明早灑進來的陽光？

＊有沒有地方掛東西（是否要在門後加裝掛鉤，用來掛毛巾，或是提供一些衣架來掛衣服）？

＊有沒有鏡子，讓客人在早上整理一頭亂髮（壁掛鏡或較小的桌上鏡都是選項）？

＊有沒有有趣的東西可供閱讀（關於夢境或星座的小書，客人喜歡的當期雜誌，或是有客人和你們共同朋友的相本）？

210
製作有趣的飲料或雞尾酒冰塊

在製冰盒裡倒入水，放入薄荷葉或覆盆子，再拿到冷凍庫冰。除了使用標準的製冰盒，你還可以找很酷的方形製冰盒（或其他摩登的形狀，如長圓柱狀）。

211

製作特殊造型的桌旗

■■■ 桌旗並不一定要以布料為原料。把彩色面紙裁成菱形或長方形，拼起來製作一條有趣又有歡樂氣氛的桌旗。讓它們散亂在桌子中央，或是堆在玻璃器皿中，做為漂亮的餐桌主飾。

Bonus tip

邊做邊玩

其他造型特殊的桌旗點子還有玉米糖果、緞帶、薄荷糖、剩下的油漆色本。

212

找一個起點

有提供食物的派對，我都有空參加。

■■■ 你要舉辦一場季節性派對，想好好裝飾你的餐桌一番嗎？有時，找一個起點開始發想是最佳方式，能夠讓各種裝飾點子不斷湧出。你可能會想到要在復活節聚餐時，在餐桌中央放一整排陶瓷動物（這樣你就可以計畫去Goodwill找些小鳥、小兔子、小鹿和其他陶瓷動物，然後用噴漆把它們漆上淺綠、淡粉等復活節顏色）。另一種裝飾發想的起點可能是你手邊已經擁有的漂亮季節性桌旗，或是你想在派對上提供的特定菜餚。（石榴雞尾酒可激發一整套紅色主題，從食物、飲料到裝飾都能使用這個顏色。）從一個激發你想像力的圖案或物件出發，是你要完成派對大業的全部所需。

NINE 灑潑噴

我確信，我們不是唯一出現以下症狀的人：你住在牆面全白的學校宿舍好幾年，後來又租了牆面全白的公寓，隨著時間過去，一種想要在牆上漆油漆的衝動、需求、渴望就不斷累積，快要爆炸。嗯，這發生在我們身上。而這壓抑許久無法上漆的挫折就要爆發。老天，結果我們還真的爆發，把第一棟房子漆上了七彩霓虹色。

最終能夠擁有自己的房子，可以自由漆上任何顏色的這種興奮感，激發了我們的鬥志。我們還真的出現以下對話：

雪莉：餐廳要用藍色嗎？我們試試藍綠色吧？
我：好呀，或許放鬆角應該要用黃色？
雪莉：沒錯！喔，客廳可以用綠色！對了，薄荷綠！

當時我們就好像是要達到某種用色要求，竟把彩虹光譜的顏色全用齊了。所以臥房漆成藍色。客廳漆成薄荷綠。放鬆角漆成亮黃色。餐廳漆成藍綠色，浴室也是。就這樣，整個房子漆滿不同色彩。我們興奮不已。

然後我們開始注意到，有些人的房子並沒有漆得如此五彩繽紛。事實上，我們曾經造訪一些友人家，他們的每個房間都漆成同一種顏色。我們看到這些屋子的第一個反應是：「太克制了吧！這樣不會很快就無聊嗎？」

直到我倆開始到處參觀許多漂亮的樣品屋，尋找裝飾住家的點子時，我們才發現一件事。雖然樣品屋每個房間的牆面顏色可能不一樣，但是會約束在相近的色系，這讓居家空間更有一致感，空間感覺起來也更大（這倒是出乎我們意料）。

我們還以為，讓狹小室內空間看起來很大的關鍵就在於展示你總共有幾個房間。（「看呀！我家的房間數量剛好可以塗滿彩虹的每個顏色呢！」）但是我們學到

約翰說

PAINTING IDEAS 油漆創意 〉〉〉

了,當你移去不需要的部分,透過顏色來把房間統一起來時,房子感覺更大。而且這並不一定會很無聊。

所以搬進去一年後,我們發現自己又開始重漆所有房間,這次採取統一色調,有濃淡有致的藍色、奶油黃、棕褐色、綠色,甚至還有一點巧克力色。看起來有點像是海玻璃+沙子+海洋+一大塊柔軟的巧克力色沙灘巾。我們甚至將天花板漆成天藍色,將陽光室地面印上幾何圖紋,在浴室漆上水平條紋,還在其他地方增加許多與油漆相關的筆觸。這棟1300平方英呎的房子立刻變得更大。而我們把收集齊全的油漆色彩拋諸腦後,才終於感覺這裡像是我們的家。

當我們搬進現在的房子,馬上就愛上大膽的色彩(深茶色!黃綠色!藍灰色!萊姆色),但是這一次,我們知道質勝於量(不能使用十種不同的亮色,然後每個房間用一種),還要與我們選擇的經典色系相配,像是淺灰、白色和木炭色都能大大提升質感。噢,太開心了,這招真的管用。

看看那張臉。因為可以隨心所欲地漆每樣東西,開心得咧。

這張照片裡有許多錯誤示範。　　　　　好吧,我承認我還是很喜歡這個顏色。

油漆刷VS.油漆滾輪

不知道該用油漆刷還是滾輪嗎？關於這個主題有很多討論，下面是我們的立場：我們喜歡使用傳統的20公分滾輪來油漆較大的區域，像是牆壁和天花板；較小型的滾輪則用來漆櫥櫃、大部分家具以及室內室外門。（它們造成的油漆沉澱較少，也比用來漆牆面的大支油漆滾輪好控制。）我們也非常仰賴高品質的5公分彎角油漆刷，好伸進很難直接刷到的邊角（漆邊界時也適用）。

當然，你不可能忘記噴霧底漆和噴漆，可以用在燈座、凳子或畫框等小型物件上。我們並不建議使用噴漆來處理大型物品，如桌子和床邊桌，因為新手拿起泡棉滾輪和刷子沾底漆和油漆，刷上薄且均勻的層層油漆時，比較不會滴來滴去，上的漆也維持較久。（專家當然可以用噴漆來處理大型物件，但是新手最終可能會搞得一團亂。）而我們其實採用滾輪加油漆刷的模式，製造了許多很棒的結果；相較於噴漆，這個模式至今還是我們重漆家具時，最喜歡的方式。

213
克服油漆無力症

■ ■ ■　只要聽見自己得動手粉刷牆壁，你就嚇壞了嗎？沒關係。這很正常，而且百分百可治癒。只要選好你的顏色，大膽一試。真的，就這麼簡單。如果你不喜歡漆出來的結果，隨時可以重漆。無論如何，跟放棄抱怨哀號，拿起油漆刷奮力一擊相比，你一直不嘗試，就一定離找到完美色調更遠。以下步驟供你按表操課。

1　下定決心，離開沙發，開始動手。就算你很緊張，至少你已經不再因為猶豫不決而停滯，而是付諸行動了。

2　帶一些油漆色卡回家，貼在你要粉刷的牆上。實地評估色彩的使用效果可避免「看到和實際使用效果不同」的狀況；這也是大家在店裡選好最喜歡的顏色，回家卻沒有比對時會出現的狀況（因為兩地的燈光截然不同）。

3　所有色卡貼到牆上，退後幾步看看各種顏色的效果。有時，你最喜歡的顏色貼在牆上，看起來與放在桌上或拿在手上大大不同。既然你是要漆在牆上，先看看這個顏色用在牆面上感覺如何總是有幫助。

4　試著比較每張色卡之間的差別。與單獨觀看色卡的視覺效果，可幫助你避免選到「太粉紅」、「太深」或「太淡」的顏色。

5　務必在一天中的不同時刻來看你的色卡效果，藉此確認你白天最喜歡的顏色到了晚上看起來不會又怪又醜（這確實常常發生）。

6　許多油漆公司提供你用一點點費用，購買較大塊油漆試用瓶色卡的服務，讓你得到一張明信片大小的色卡，更能判斷這個顏色在牆上的視覺效果。在決定要使用哪種顏色之前，你也可以買一小罐樣品漆，在牆上漆一個大方塊（塗上兩層薄且均勻的漆），確保這是你喜歡的顏色。

7　開始漆吧！你已經考慮過許多顏色，測試了你最喜歡的顏色，從中挑選出最合適的。移動你的步伐，到店裡去買一大桶油漆，開始動手粉刷。油漆最棒的一點在於，它不是永遠的。事實上，它可能是你所犯的「錯誤」中，最便宜的，因為如果你討厭這次的結果，重買一桶漆，再次上漆的成本也只要25-50美元。再說，通常你完成之後，你也不會不滿意。

油漆才沒有貓咪可怕。

214

幫家具上漆

花費：$-$$

難度：流點汗

耗時：一個週末

一旦你學會了這個技能，只要家具要變身時，沒什麼能阻礙你的。我們可以用盡言語形容油漆能夠帶來的改變，但是你現在已經完全了解了，對吧？所以，讓你自己用幾個晚上或花一個週末來體驗。反正頭髮沾上油漆看起來也蠻性感的。

1. 家具移到弄髒也沒關係的地方，像是車庫、地下室，或是清空的房間角落，鋪上墊布。用濕抹布把家具擦一遍，避免上頭殘留灰塵或污垢。

2. 如果家具上面已經有一層拋光漆（摸起來很光滑），你會想要先磨掉一些，這樣新漆上去的漆比較耐久。拿一些**粗砂紙**，把家具表面整個磨過一次（範圍較大的區域使用磨砂器）。這與重新染色不同，你不需要把前一層漆完全磨掉，但是盡可能地磨，讓底漆和油漆能夠耐久。

3. 使用**小支油漆刷**來刷角落和凹槽，**泡棉滾輪**則刷較大片的表面（以及刷一遍所有用油漆刷過的區域，讓外觀看起來更平滑），先上一層**防染色底漆**。如果這時家具表面看起來坑坑疤疤的，別洩氣；底漆看起來總是會不均勻。只要確保沒有地方滴到，讓漆保持薄且均勻就好。

4. 等底漆乾了以後（看看罐子上建議的風乾時間），用同樣方式塗上兩到三層**乳膠漆**，是那種光滑或半透明的拋光漆。確保它們塗得薄且均勻（自行判斷即可）。然後每上一層，等這層漆乾透之後，再上下一層。看看油漆罐上的使用說明，每層漆間需要等待多少時間。我們用的是Benjamin Moore的Wasabi。

5. 如果家具常常使用，可能會接觸到濕氣（像是放在餐廳或廚房），那麼再上兩層薄薄的透明**水性密封劑**，增加耐水性。（有些配方會發黃，所以我們喜歡水性的透明亮光Minwax Polycrylic Protective Finish，在居家修繕用品店可以買到；或是嘉實多的Acrylacq，這是一種低VOC無毒、非常環保的替代品，可在有機商店或上網購得。）

Start Here

6　我們知道你已經開始享受家具換了新
　　風貌的喜悅，但還是要等至少72小
　　時，再使用這個家具，把東西放在上
　　頭。你並不想花了這些工夫，結果東
　　西黏在上頭，留下痕跡吧。如果家具
　　幾天後還是沒有乾透，試試把它搬到
　　陽光下（可以加速風乾時間），或是
　　在上頭撒一些爽身粉，吸去黏膩物。
　　（要撒爽身粉最好等一週再撒，好確
　　保爽身粉不會黏在油漆上。）

Bonus tip

查看家具表面

這道步驟用在木頭或膠合板家
具上效果最好（層板家具可能
無法讓漆長時間保存）。

這張二手店淘到的寶物只要8美元。

附註：請上younghouselove.com/book，看更多祕訣。

215

粉刷天花板

花費：$-$$
難度：流點汗
耗時：一個下午

■ ■ ■ 放下這本書，在家中某個房間找一面還能再變得更特別的白色天花板。接下來，選一個能讓你開心的柔和色彩（粉紅？淺綠？牆面顏色再調淡些？）。別擔心粉刷天花板會讓房間感覺變低、變暗，甚至讓人產生幽閉恐懼。只要你選的漆是淡色系，那麼只會在不增加太多重量感的情況下增添趣味。（我們建議你選用油漆色卡中最淺的那一類，先把它們貼上天花板，比比看何者較合適。）有些專家甚至認為淺色系的天花板其實讓房間感覺變得更高，因為比起純白色的天花板，淺色系天花板較不刺眼醒目（白色天花板因為較刺眼、高對比，所以看起來離地面較近）。而用不到50美元和幾個小時的勞動，得到一個更寬敞的空間，不是什麼壞事。

1 用**油漆膠帶**保護好牆面頂端或冠頂模板／飾條。

2 移開油漆處周圍的家具，用**罩布**蓋好家具和地板。

3 用**油漆滾筒**（加一根伸縮桿可能更順手）來幫天花板油漆，然後用**5公分彎角油漆刷**來刷滾筒刷不到的角落。**啞光乳膠漆**最適合用於天花板（能夠藏住任何不完美處。）

淺黃綠色的天花板可讓涼爽的藍灰色牆面溫暖起來。

216

在牆壁上蓋印

你想幫主牆或角落牆蓋印，或者大膽一點，直接幫整個房間的牆面都蓋印。如果你只是想要一些細緻的圖案來增加質感，那麼低對比的顏色是你的選擇。（試試奶油黃的牆面印上白色，摩卡色牆面印上棕褐色，淺灰色牆面印上灰色，海軍藍牆面印上藍灰色等。）我們是在Decorators White印上Ashen Tan，兩種顏色都來自Benjamin Moore。此外，對比較高的顏色組合能夠增添戲劇感（像是巧克力色牆面印上奶油色，或是海軍藍牆面印上水藍色）。下面是一些我們在操作過程中學到的訣竅。

✳ 準備好要蓋印的房間或牆面，附近的地毯、窗簾、藝術品或任何可能被油漆滴到的家具都先移走。

✳ 我們很幸運，在Michaels買到Martha Stewart Crafts的蓋印噴膠，能夠讓你在印模後方上膠，再貼到牆上。這可幫助印模中間部分固定在牆上，製造出簡潔俐落的線條。你可拆下印模重貼兩三次，再重新上膠。

✳ 幫印模上膠時，可以在地上鋪一大張卡紙或乾淨罩布（這樣黏膠就不會黏得地板到處都是），或是在戶外上膠。

✳ 從牆壁中央頂端開始蓋印，再往四周移動，這樣能幫助圖案保持置中。

✳ 我們用油漆膠帶貼在印模的頂部、底部和兩側。在你粉刷時，它們不會沾上油漆（雖然看起來好像會的樣子）。

✳ 小型油漆滾輪可讓你的表面較平滑；一次不要沾太多漆，才能滾出清爽表層。

✳ 如果你擔心油漆會滲到印模後方，那麼在重新貼到下個要印的位置前，先用乾抹布和紙巾把沾到的漆擦掉。

附註：

請上younghouselove.com/book看更多祕訣，還有蓋印現場幕後花絮。

Bonus tip

你也可以選擇亮光漆

如果你想要更細緻的層次效果，同時帶有閃亮光澤，可以選擇你公寓
或牆面的同樣色調，看是要半亮光還是高亮光。這樣在燈光下，蓋印
的圖案會若隱若現，顯得高貴美麗。（此外，你也不需要花上好幾個
小時，煩惱最棒的顏色組合是什麼。）

217

在生活周遭尋找色彩靈感

▦▦▦ 你可以從你最喜歡的衣服、書封、藝術品、漂亮的蠟燭包裝，或任何吸引你注意的東西，找到整個房間的顏色配置靈感。選擇你已經知道自己很喜歡的顏色組合，可以避免出錯，還可以用這個東西（或是各種物件的組合）做為選擇油漆色卡的捷徑。

這條圍巾可激發你的靈感，藍色牆面配上橘色寢具，還有粉紅色的床頭燈。

多汁的
百香果

火龍果

水藍色

（均為Behr出品）

Jackson Glen
藍

Java棕

檸檬黃

（均為Valspar出品）

這些盤子可能激發你靈感，在淺黃色的牆面上搭配巧克力色的餐桌和一幅大型藍色圖畫。

Savannah
綠

Edgecomb
灰

Twilight
藍

這些蠟燭能讓你想到，灰色牆面可以搭配海軍藍沙發和亮綠色的雕飾衣櫥。

（均為Benjamin Moore出品）

218

在書桌或抽屜櫃漆上圖案

COST 花費：$-$$

WORK 難度：很多汗

TIME 耗時：一個週末

■ ■ ■ 深色木頭家具很棒，我們家裡到處都有擺放。但不可否認的是，幾件上了漆的家具能夠增加層次感，讓原本單一色調的空間變得有趣精緻，特別是漆上很酷的圖案或提升質感的細節時，更是如此。

1　遵照p.276的家具油漆指南的步驟1-3。

2　等物件上完底漆，在你想要畫上圖案的區域，用**小支泡棉滾輪**塗上兩層薄且均勻的絲光漆或半亮光乳膠漆。以這個家具為例，我們把每個抽屜前緣都漆上Benjamin Moore的Martini，然後等漆乾透，再進行接下來的步驟。

3　使用油漆膠帶把你想要的圖案貼出來。（我們用的是FrogTape塗漆專用吸水膠帶，以避免漆滲到其他地方。）垂直或水平線條總是既有趣又簡單，但是我們將油漆膠帶裁剪成9公分，製造出編織籃的圖案。你也可以放棄油漆膠帶，用鉛筆在家具表面輕輕畫出有機的圖案輪廓（如波浪或葉片）。

4　如果你使用油漆膠帶：等你貼好圖案，確實壓緊之後，用**小支泡棉滾輪**在整個表面漆上兩層薄且均勻的**絲光漆或半亮光乳膠漆**（我們在貼起來的抽屜表面和書桌其他部位，用的是Benjamin Moore的Hale Moore）。我們的建議是，在第二層漆尚未乾透之前就撕下油漆膠帶，才會有最清晰的線條（如果你很害怕，還是可以再等一會再撕）。

5　如果你沒有使用油漆膠帶，而選擇手繪輪廓，用**小支油漆刷**，小心地上色，記住不要超出你畫的輪廓線。

這個50年代書桌是在二手市場用驚人的低價10美元買到的。

Start Here

6   視情況：你可以再塗上一層**聚氨酯**，多一層防護。我們喜歡使用嘉實多（Safecoat）
    的低VOC產品，如Acrylacq或水性亮光Minwax Polycrylic Protective Finish，因為這兩
    者都不太會變黃。

附註：上younghouselove.com/book看更多這個計畫的技巧和幕後花絮照片。

219

偷師我們最愛的四種居家色彩組合

■ ■ ■ 世界上有無數種「天呀我真喜歡」的色彩組合可以選，但是這裡有幾種我們最愛的色彩搭配，可用在家裡的各個角落，在不讓空間變得太突兀、太不融合的狀況下，增添趣味。（這是一條很微妙的線，視個人接受度不同。）試著在色彩組合中，選幾個用在牆上，其他的則用在抱枕、窗簾或家具油漆上，讓不同房間流動著雖然不同，但是在細節處有關連的感受。你的目標是在避免所有房間感覺太精心相配的狀況下，讓整間屋子有和諧感，所以用你最愛的幾種色調為基礎，在不同房間加上不同色彩、質材或質感的物件，能夠點亮空間，讓每個角落都有自己的風味。

▲ Martha Stewart的Bay Leaf、Persimmon Red、Crevecoeur和Heath

▲ Benjamin Moore的Citron、Hibiscus、Baby Fern和Dragonfly

▲ Benjamin Moore的Hale Navy、Ashen Tan、Quiet Moments和Milano Red

▲ Behr的Gobi Desert、Hazelnut Cream、Celery Ice和Lime Light

220

用一些自然的
東西製作拓印

把一組葉片鋪在空白粗麻布或是棉質枕頭巾上，然後噴上幾層很薄很薄很薄的布料噴漆，等你拿起葉片，就能製造出很酷的有機圖形。我們用的是Jo-Ann Fabric Simply Spray的Brite Yellow，用5美元買到；還有7美元的Ikea枕套（噴漆乾了，枕頭還是一樣柔軟）。你也可以在布料上拓印一些葉片，然後將成品裱起來，或是製成羅馬簾。有很多方式可以嘗試，你無法抵擋使用免費綠葉的機會。

總花費：12美元！

221

用圖案條紋
點亮白色捲簾

花費：	$
COST	
難度：流點汗	
WORK	
耗時：一小時	
TIME	

如果你手邊已經有基本的捲簾，那麼這個計畫特別便宜（如果沒有，到居家修繕用品店購買，他們能幫你裁成你要的大小。）

1　**捲簾**攤平在平坦的地方。拉緊捲簾，確保攤到最平。

2　用**直尺**和**油漆膠帶**來測量、貼出你想要的圖案（我們的條紋是6公分寬，距離捲簾邊緣3.5公分。）

3　用**小支泡棉滾輪**，漆兩到三層很薄很薄很薄（或許可以稱這點為關鍵）的**半亮光乳膠漆**（我們用的是Benjamin Moore的Citron），避免油漆碎裂或剝落。每一層乾了以後，再上下一層。

4　至少等48-72小時，再把捲簾掛回去。

222

為裝飾線板做
些特別裝飾

這類有點冒險的舉動真的可以為空間增添不少趣味。把你的窗戶、門和護壁板木飾條想像成大型的畫框。我們都知道，有時光是畫框就可以算是一件藝術品。所以，試著把裝飾線板漆成白色以外的顏色，與牆壁互補。舉例來說，一個內有灰色畫框的白色房間（如右圖，我們用Benjamin Moore的Gray Horse粉刷窗框），或是有淺綠窗框的海軍藍房間，都很有新鮮感。你也可以選擇把線板漆成和窗戶一樣的顏色，但是選用高光拋光漆（舉例來說，灰藍色房間搭配灰藍色線板）。太棒了。

我們用3美元的油漆試用瓶把
這個舊捲簾改頭換面。

223
書架背板漆
成不同色調

花10美元可以買
到三種油漆試用
瓶，讓你完成這
個計畫。

W W W　在書架的背板用同一色系的不同色調，甚或漆上各種不同顏色，製造彩虹般的效果，確實能點亮整個房間。你甚至可以用只需要3-4美元一罐的油漆試用瓶，來塗上不同色調。

1　用鉛筆沿著書架背板，標出每一層的頂端和底部。如果可以，先把層架移開。

2　用小支泡棉滾輪和5公分彎角油漆刷（用來塗角落）在書架背板刷上一層薄且均勻的**防染色底漆**。如果你需要剛剛畫好的鉛筆線做指引，試著不要把底漆漆超過界線。你可能想用油漆膠布貼住背板兩端（還有層架，如果你沒有把它們拆下來的話），這樣你的底漆和油漆只要沿著書架的背板塗即可。

3　等底漆乾了以後，再於你選定的區域，用你選定的顏色，漆上兩層薄且均勻的**絲光漆或半亮光漆**（我們用的是Benjamin Moore的Wasabi、Exhale和Silhouette。）像漆底漆一樣，用油漆刷或小型油漆滾輪刷上去。

4　等所有漆乾透，如果你把層架移了下來，再把它們裝回去。耶，完成！

選擇合適的拋光漆

介紹一些使用拋光漆的一般建議，像是在天花板使用啞光漆（以遮蓋住瑕疵），飾條使用半亮光漆（容易擦拭）。但是，大多數時候，你的拋光漆可以視個人偏好而定。所以提起勇氣做吧，如果你還是不確定，可以請教專家。

＊**啞光漆**。隱藏瑕疵的最好選擇，但是與其他較光亮的選項相比，啞光漆較易有磨損感。也是最容易上手的拋光漆，不需要太多嚇人的指示。

＊**蛋殼漆**。要有光澤表面的第一步，讓你有較易擦拭的表面保護，但是在牆上看起來仍很質樸無光。

＊**絲光漆**。塗上絲光漆會讓表面明顯光澤，但是還沒到達真正的「光亮」。許多不喜歡光亮感的人會在浴室或廚房用絲光漆（一般來說，這是這些空間適用的最低光澤。）

＊**半亮光漆**。這種漆非常適合用於浴室、廚房和飾條，因為很容易擦拭。這種漆比其他較平滑的漆來得難上漆，但是耐久性很好。

＊**亮光漆或高光漆**。提供最閃亮、如漆器般的光澤效果。這種漆非常好擦拭、非常耐久，但是會讓瑕疵特別明顯，也最難上。

224

幫磚頭火爐上漆

花費：$-$$
難度：很多汗
耗時：一個週末

■■■ 如果你家裡有個舊磚頭壁爐，吸走了房間的生氣（還有光線！），我們強烈建議你幫它上漆。雖然這絕對和我們的個人偏好有關，你別害怕，儘管拿起油漆刷。

1 用濕抹布把磚頭整個擦過一遍，移除所有灰塵、蜘蛛網或煤灰。

2 塗上一層**防染色底漆**。如果磚塊沒有太粗糙，或許只要用**絨毛滾輪**就能在磚塊上頭塗上一層覆蓋漆，但還是要用**刷子**伸到所有裂縫中補漆。

3 等底漆乾透，用同樣方式在磚頭上兩層你喜歡顏色的**乳膠漆**做為拋光漆（我們喜歡方便擦拭的半亮光漆）。磚塊喜歡吸收油漆，所以你可能需要第三層漆，確保每個地方都塗到漆。

4 如果你沒有使用這個火爐，把火爐內側漆成深碳色也是很棒的整頓方法。

225

粉刷木作飾條

■■■ 我們很幸運（不幸？）在第一個房子和現在的屋子都有木作飾條。好處是，只要上幾層漆之後，就可以讓房間改頭換面。

1 用濕抹布把木作飾條擦一遍，擦去所有灰塵和油膩痕跡。然後用抹布沾一些**液體消光劑**（我們喜歡Crown的NEXT，這種消光劑為低VOC，可生物分解），把飾條再整個擦過一次，進一步除去所有污垢。

2 用油漆滾輪上一層薄且均勻的**防染色底漆**。再用**短柄彎角刷子**，伸進**滾輪**碰不到的邊縫角落。如果這層漆塗得並不均勻，別擔心；底漆看起來就是會坑坑疤疤的，但是只要你塗的薄且均勻，你就做對了。讓漆完全乾透。

3 使用同樣方式上兩層薄且均勻的**乳膠漆**。（我們喜歡蛋殼拋光漆。）

226

凱蒂的咖啡桌大變臉

客座部落客創意

部落客
凱蒂‧包爾（Katie Bower）

部落格
BOWER POWER
（www.bowerpowerblog.com）

居住地
喬治亞州，洛根維（Loganville）

最愛的顏色組合
海軍藍＋白色＋青草綠＝三連勝！

最愛的圖案
條紋或波卡斑點

最愛的家飾
色彩大膽的抱枕

我們客廳的主題是海洋風，所以我真的希望咖啡桌能夠配合這個氛圍，但對我那頗具攻擊性的幼兒來說，又希望這張咖啡桌不會太珍貴。當我在Goodwill看到這張舊方桌時，知道它的大小和形狀剛好適合我們的客廳。但是，方桌的木拋光漆已經有點斑駁了。我覺得只要一個快速容易的油漆變身，就能帶入多一些圖案，還能讓我們的腳有地方可以放——連我們家最小成員的需求也照顧到了。

材料

＊底漆　　＊O字形工藝橡皮章

＊油漆刷　＊150號砂紙

＊白色半亮光漆

＊水性聚氨酯（視情況用）

＊灰色半亮光漆　＊小支泡棉工藝刷

1　上底漆和油漆。首先，我把整張咖啡桌都上了底漆。底漆乾了之後，我把桌子的四條腿漆成白色（Valspar的Bright White），桌面則漆成灰色（Krylon的Pewter Gray）。上兩層漆可讓色澤更好看…以我的例子來說，這讓桌子有多一層保護，不會被我的寶寶弄花！

2　印染。用泡棉刷在橡皮章上塗上我用在桌腳的白色漆。（泡棉刷能讓你的漆塗得很薄。）如果需要，先用紙巾擦去多餘的漆，再直接印在咖啡桌上，製造出一個8字形。我繼續

印染，直到整個桌面滿是成排的8字形。（我的兒子威爾是在4月8日出生，這些8字形是獻給他的！）

3　磨砂。等油漆乾了以後，我用砂紙輕輕朝同一方向，磨砂桌面。我試著要製造出磨損感，但不是真的要把漆全部磨掉。

4　密封起來。這個步驟可做可不做，但是為了讓桌上的漆更耐久，我用幾層薄薄的水性聚氨酯將桌子密封起來。

我愛死這張咖啡桌。不但讓房間更完整，也增加一點趣味。這個圖案讓我想起一串串的珍珠。圖案也和海洋風主題呼應，對吧？桌子上的8字形圖案不只代表了我的兒子，更適用於全家人。我本來很擔心小朋友會在昂貴的家具上頭畫畫，讓我很煩惱。但現在我連放杯墊都不用擔心，桌面上的圖案不就標示了放杯墊的位置嗎？

227

幫窗簾上漆（沒錯，幫它們上漆！）

花費：	$	
難度：	流點汗	
耗時：	一個下午	

■■■ 這聽起來可能有點奇怪，但是幫窗簾塗上乳膠漆可以增加許多戲劇效果（好的那種）。

1　先把**窗簾布**洗乾淨，按照窗框大小縫邊完成（我們用Ikea賣的便宜Ritva窗簾，一塊12美元。）

2　在地上鋪一層**罩布**，把窗簾平鋪在上，然後用**油漆膠帶**在窗簾上頭貼上幾條平行線條，條紋長度與窗簾寬度相同，每條條紋間隔相同（我們貼了六條條紋，條紋與條紋之間有30公分。）

3　用**布用底劑**來稀釋油漆。我們用手工藝用品店買來的Folk Art Textile Medium來稀釋**乳膠漆**。（按照布用底漆瓶身的指示操作。）

4　用**小支油漆滾輪**在每條厚條紋上塗兩層薄漆。我們交替使用Benjamin Moore的Caliente和Berry Fizz，製造出色彩大膽的紅色和洋紅色條紋。

5　等你塗完最後一層漆之後，盡快撕下油漆膠帶，這樣才能得到最清晰的線條。如果你想要，也可在其他窗簾布上重複操作同樣步驟。等所有漆都乾透，再把這些寶貝掛起來。

我們承認，幫窗簾上漆感覺有點奇怪。就連油漆狂的我們也這樣覺得。

228

用大膽色彩讓
房間活潑起來

花費：S-SS

難度：流點汗

耗時：一天

▥▥▥ 試試看。大膽一點。這只是油漆而已！牆上漆了大膽顏色不一定會覺得瘋狂，或是有壓迫感，特別是如果你用較柔和的木頭或中性色調家具來調合，讓房內顏色不要不協調就好。大膽顏色（我們用的是Benjamin Moore的Moroccan Spice）真的能營造非常舒適又有包覆感的空間。

看到這些物件後面的牆壁變了顏色之後，整體感覺有多不同了嗎？

229

用兩種顏色來漆茶點桌、桌子、書桌或抽屜櫃

花費：S-$$
COST

難度：流點汗
WORK

耗時：一個週末
TIME

✖✖✖ 如果有件家具使用了兩種對比色，看起來會很精緻優美。所以無論你有一張深色木頭茶點桌，想把桌面漆成亮白色，還是決定把抽屜櫃漆成白色，抽屜漆上光滑的靛藍色，這種雙色對比風格都很容易掌握。

1 移除家具上的把手，然後用**濕抹布**把家具整個擦一遍，除去灰塵和髒污。

2 用**磨砂器**和**粗砂紙**把所有要上漆的地方輕輕磨砂一遍，直到能讓你輕鬆漆上亮光底漆。再用抹布除去磨砂過程中造成的灰塵。

注意：在幫老舊上漆家具磨砂之前，使用居家修繕用品店買來的鉛試劑，確保該家具不含鉛，保護自己不被鉛污染。

3 先用**小支油漆滾輪**幫家具上一層**防染色底漆**（用刷子伸進角落和裂縫處）。取下抽屜，幫它們個別上漆，以取得最乾淨的結果。讓底漆乾透。

4 選擇你想要的顏色，在你計畫的區域上兩層薄且均勻的**絲光漆或半亮光漆**。我們這次用的漆都來自Benjamin Moore，Gray Horse用來塗在書桌的抽屜面板，而Decorators White則塗在書桌框架上。如果你想保留一些木頭顏色，只在抽屜面板上塗漆，這也是另外一個製造光滑雙色對比外觀的好方法。只要用**油漆膠帶**來阻止油漆滴到別的地方即可。

5 視情況：在家具上頭上兩層薄且均勻的**水性聚氨酯**，增加耐久性（有些配方久了會黃掉，所以我們喜歡水性的Minwax Polycrylic Protective Finish亮光漆或是嘉實多的Acrylacq）。

這張書桌是花15美元在Craigslist找到的。

6　等所有的漆乾透（我們喜歡等至少72小時），把所有把手裝回去，欣賞你的成品。
　　我們用仿古銅噴漆把把手漆成更吸引人的風貌，再把它們裝回去。

　　附註：請上younghouselove.com/book看更多祕訣，還有其他我們處理的雙色家具。

230

漆出色彩梯度

Start Here

花費：$
COST

難度：流點汗
WORK

耗時：一個週末
TIME

沒有什麼比把抽屜櫃由頂層到底層漆上漸層色彩，更能表現它存在感的事了。使用有許多抽屜的家具都可以。（我們在二手店便宜買到這個傢伙！）接下來，你只需要幾瓶幾美元就買到的油漆樣品漆。如果想找顏色搭配靈感，很簡單，只要拿幾張油漆色卡，數量至少和你抽屜的數量一樣。無論你喜歡明亮有趣，還是沉穩柔和，都會是人人都著迷的計畫（我們用的是Benjamin

Moore的White Wisp、Gray Owl、Sea Haze、Desert Twilight、Durango和Char Brown）。此外，你甚至不需要在上漆前先使用油漆膠帶，只要把每個抽屜拿出來，拆下把手，再把抽屜放在罩布上，抽屜前面板朝上；使用小支泡棉滾輪，在前面板上先上一層防污底漆，再上兩層薄且均勻的油漆即可。翻到p.276，看更多家具油漆祕訣。

Bonus tip

採用短柄刷

談到油漆，說我們是高品質、短柄5公分彎角刷的粉絲，常用它們來幫邊角隙縫上漆，或是幫模板飾條上漆，都不足以說明我們的狂熱。你無法想像短柄刷提供的控制力有多大，真的能幫你節省一半粉刷飾條的時間。

6罐油漆試用瓶＋
1件跳蚤市場買來的物件＝
心頭好。

TEN 出外去

戶外空間可能很嚇人。事實上，我在買第一棟房子時猶豫不決，無法做決定，就是因為院子。那裡的院子，太‧大‧了！好吧，或許沒有那麼大（沒有國家公園那麼大，差不多是一英畝大小），但是與我們住在曼哈頓時相比，已經有點像小型農場了。雪莉（我倆關係中的夢想家和擘畫者）看到了我們住家周圍那片土地的潛力無窮。而我，則稱職地扮演緊張兮兮的反對者，不斷升高對除草事宜的關切，還擔心我們可能在過程中殺害了許多植物的生命。

然而我們還是買了那棟房子，我被迫要面對我的恐懼，那一小塊我們現在擁有的土地。更糟的是，我還得在期限到前克服我的恐懼：那個期限就是我們的婚禮。這表示我們有14個月的時間把那座環繞我們家、擋住我們家建築的森林，那些地衣、落葉和松針散布的土地改頭換面（是的，我們也繼承了一塊長滿樹木的土地做為前院），改造成寬闊宜人的風景，充滿綠意芳草。沒有壓力，是嗎？

所以我們聘用了一支專業的園藝團隊，幫我們移除一些生長位置不對或是已枯死的樹木，留在原地會威脅到房子的安全。沒錯，這一招真的帶來奇蹟，曾經昏暗的屋子因此照進了自然光，鄰居再也不會懷疑說：「那裡真的有一棟房子嗎？」…但是，這也讓我們面對一大片光禿禿的土地。

EXTERIOR IDEAS
戶外空間改造創意 >>>

我們在那時學到的教訓是，園藝工作很辛苦。我清楚地記得，在美好的週六，我和雪莉花上一整天辛苦地耙土、鏟土，把一車車裝滿地衣和松針的土壤運到住家後方的森林裡。到了晚上，我們終於讓土壤露出頭來。美麗的、撒好青草種子的土壤。撒種子、幫種子澆水的過程就像是兩人在公園裡並肩散步一樣，最後，當這塊綠地毯開始長出青草，我們終於能驕傲地把這棟房子當作我們的「婚禮會場」。

當然，我們處理戶外空間的考驗和成就尚未結束。但是這已經證明了，投注點耐心和汗水（好吧，實際上是汗如雨下），戶外空間沒有想像中那麼嚇人。現在，想像一下我正高舉雙臂，手指上停著幾隻鳥兒和森林小動物。

巨人樵夫保羅‧班揚
（Paul Bunyan）要
把你的心臟咬出來。

證明了我們真的買了棟房子
（而不只是買了一座森林）。

231

粉刷前門

- 花費：$-$$
  COST
- 難度：流點汗
  WORK
- 耗時：一天
  TIME

■■■ 幫前門換上新鮮的顏色，能點亮整棟房子，花不到50美元，就能增加房子的吸引力。我們喜歡亮紅色的門（Valspar的Fabulous Red）。這種顏色意外地有多重搭配方式，甚至能與建物斑駁的紅磚正面搭配。令人愉悅的水仙黃色大門（Valspar的Full Sun）立刻創造迷人氛圍。或是試試深紫色、淺芹菜綠或是鼠尾草綠，甚或是一些較精緻的顏色，如藍灰色、煙灰色或亮黑色。

1. 在門上貼上油漆色卡（看看這種顏色放在實際要漆的地方時，效果如何），然後後退幾步，在早上、中午和晚上太陽下山之後，門廊的燈點起來之後，看看效果如何。這樣一來，你就能選到每個時段看起來都很好看的顏色，還能與住家其他地方搭配。

2. 如果你是專業油漆匠，可能不需要用**油漆膠帶**把門絞鍊貼住，以保護絞鍊，但對初學者來說，這無疑是很棒的步驟。我們從未把室外門卸下來粉

刷，成果也總是令人滿意，所以我們是支持油漆時不用拆下門的那一邊。（其他人可能會偏好卸下門再漆。）

3. 下一步則視情況做，因為你也可以用油漆膠帶來保護這些零件，但是我們偏好卸下所有與固定門無關的五金。

4. 在上底漆和油漆之前，用**砂紙**把門板表面磨一次無傷大雅，這樣能確保油漆黏著度高，成色光滑。磨砂完，再用**液體消光劑**把整扇門擦一遍。

5. 防污底漆能防止油漆外滲，也可把原本要漆的五到六層漆，減少至二到三層漆。還能幫助油漆的黏著，如果你的門之前上過油性漆，防污底漆也能避免之後上的油漆剝落碎裂。所以值得你費工漆上一層，對吧？

6. 等底漆乾了，再用**小支泡棉滾輪**上幾層非常薄且均勻的**半亮光戶外用乳膠漆**。（使用5公分**彎角刷**伸進所有內嵌鑲板或裂縫中；只要在刷過之後，再用泡棉滾輪滾一次，消除掉刷痕即可）。薄且均勻是關鍵，才能避免漆模糊或滴落，所以慢慢來，每次滾上一層漆時，享受漸漸附著的色彩。

Bonus tip

早起的鳥兒有蟲吃

一大早進行這個計畫，這樣到了晚上你就能把門關上鎖起來。關門前，花5-7小時等油漆乾透，比較理想。

附註：請上younghouselove.com/book看更多大門上漆的祕訣和照片。

232
掛上新門牌

■ ■ ■ 讓你的門牌升級，這是極其簡單平價的方法，能夠增添不少趣味。

一些有趣的門牌置放位置：

＊你的前門　＊門上的玻璃橫樑　＊前廊階梯豎板

＊庭院角落的大石塊或牌匾　＊房屋前緣，在大門旁邊

233

在腳下增加 迷人風景

花費：$

難度：流點汗

耗時：一個下午

用噴漆和一些油漆膠帶就能讓基本的門墊煥然一新，充滿個人色彩。我們的門墊是在Ikea用不到5美元買的，然後用仿古銅噴漆畫上一些有趣圖案。只要用油漆膠帶貼出你的圖案，然後用戶外用漆在上頭漆上幾層均勻的漆。撕下膠帶，大功告成！設計圖案時，你可以使用條紋、網格、鋸齒或星形，也可以印上你家的門牌號碼。我們用鹿角形狀營造可愛的節慶感。

234
幫水泥鳥浴盆漆上大膽色彩

黃色、萊姆色、紅色，甚至是棗紅色或藍綠色，都很適合鳥浴盆，所以你可以盡情選擇！（我們用的是Valspar的Full Sun。）用油漆刷刷上二到三層普通的乳膠戶外漆就可以了，只是不要在浴盆內側也塗上漆，這樣鳥兒喝的水才不會被污染到。這方法很棒，讓花園出現吸引路人目光的景觀，也讓原本平凡無奇的後院增色不少。

235

種些食用植物

如果你的院子有塊空地，考慮放棄裝飾性的矮木或草皮，改種可以吃的香草或蔬菜。沒有什麼比自己種新鮮蔬菜更棒的事了，還可能讓你花更多時間享受你的院子（因為你會一直去院子摘些羅勒或蕃茄來用）。

236

買一個集雨桶

我們的好友老喜歡說，集雨桶讓她想到散落在院子的普通桶子。這倒沒錯，但是集雨桶可提供免費水源，讓你拿來洗車、澆花，而且整個桶子也能藏起來，就算看起來像個桶子也比較不明顯。試著在花園附近的水落管處裝一個，然後接上一個滲水管。每天只要打開水落管15分鐘，就能自動幫你的花園澆水（而且不花一毛錢）。你可以把你的桶子，喔是集雨桶，裝上一個簾子，像是格柵、小木籬笆、一叢灌木或藤蔓，或其他綠色植物來裝飾它。你甚至可以把集雨桶塗上幾層塑膠用的戶外噴漆（Rust-Oleum的Universal），讓集雨桶搭配房子或周遭綠色植物的顏色。

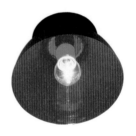

▲ 仿古銅的
手工藝風格燈罩，
永遠是經典的選擇。

▲ 這盞精緻黃鉛燈罩的
籠子形狀很酷，
罩住燈泡增添了工業感。

▲ 這其實是盞室內燈，
但它告訴我們，
用一些色彩大膽的噴漆，
就可以為戶外燈增色。

237

升級戶外燈

把無趣的老舊戶外燈具換新，讓你的屋子增添許多個性。
下面是幾種選擇。

我在黑暗中
做不了事。

▲ 這盞霧面燈罩形狀摩登，
增添俐落的線條感和
簡潔風格。

▲ 這盞圓柱形的
選項在頂端和尾端會發光，
製造出很酷的摩登感。

238

把大型花盆變成
戶外用餐桌

花費：$-$$

難度：流點汗

耗時：一天

■■■ 在大型花盆（最理想的是71公分高者）上面加一大片圓形木板（在木材行、居家修繕用品店或二手店購買），當做戶外用餐桌。只要確定花盆開口夠寬，能夠支撐住木板，不會不穩固，等上完色，做完戶外使用的密封保護措施，再用耐重建築用膠黏上。然後，拉幾張椅子過來坐下，享受一下。

找些免費幫手

談到簡易空間改造，你可以把庭院的負面因素轉為正面因素。如果你想擺脫一棵樹、一叢灌木或一片地被植物，試著上Craigslist貼出「你要的話，可以自己來挖」的告示。總會有人很樂意動手來把這些免費東西帶走，而且他們會自己出所有勞力，換取這片綠意。

239

懸掛大型燈串

COST 花費：$-$$

WORK 難度：流點汗

TIME 耗時：一個下午

■■■ 在Pier 1、Target和World Market等賣場都有販售便宜的燈串，在籬笆、涼亭、藤架或幾棵樹之間掛上幾串燈串，就能為一頓露天晚餐帶來美好氣氛。你甚至可以永遠（或整個季節）把它們掛在那裡。誰說你一定要在舉辦派對時，才能沉浸在派對燈的光芒下呢？

240

用油漆讓木頭花盆變亮眼

花費：$-$$

難度：流點汗

耗時：一個下午

■■■ 把木頭花盆漆上油漆，讓它們在一個下午就提升好幾個層級。實際操作真的就和聽起來一樣簡單。選擇一種半亮光拋光感的戶外漆（我們用的是Benjamin Moore的Chamomile），然後用油漆刷或小型油漆滾輪在上頭塗幾層薄且均勻的漆（先上底漆也不要緊，但是我們並沒有塗底漆，成果一樣很完美）。等漆乾了以後，在裡頭種上你喜歡的植物，然後大肆讚嘆這令人開心的美麗景象。

Star Here

▲ 但是如果你的院子可以裝點些顏色，大膽色彩將點亮空間所有事物。

▲ 基本的木頭花盆本身就很好看。

241
貝妮塔的戶外升級

客座部落客創意

部落客
貝妮塔‧拉森（Benita Larsson）

部落格
Chez Larsson
（www.chezlarsson.com）

居住地
瑞典，斯德哥爾摩

最愛的圖案
點點

最愛的DIY工具
我愛我的磨砂機！

最愛的DIY幫手
Mini，我養的小貓。牠總是準備好要助我一「掌」之力。

■■■■ 在我與正值青少年的兒子威力和兩隻貓咪Mini及Bonus一起搬進這棟老房子之前，這裡從1954年落成後，就一直是同一家人住在這。雖然這棟屋子仍舊保有一些原來的可愛特色，但是前門旁的區域看起來就沒這麼棒了。我想這些雜草並不是我的風格。

材料

✻ 草耙和鏟子　　✻ 澆水用水管

✻ 防草覆蓋膜　　✻ 水泥磚

✻ 砂礫或其他碎石　　✻ 膠砂

✻ 細礫或其他園藝石

✻ 乳膠漆（用於門上）

1　**打掃空間。**計畫一開始，我先除去所有草皮（只有一點點）和雜草（很多很多），然後鋪上一層特別的防草膜，讓水滴滲入的狀態下，防止雜草生出。我在舊家使用過同樣方式，成果斐然。幾年後，可能會長出一些雜草，但是從防草膜上方長的，比較容易拔除。

2　**鋪好基底。**在防草膜上方，我鏟了10公分的砂／石混合物做為基底，不只能壓住防草膜，也能壓平防草膜表面。如果這裡是車子出入通道，那麼使用耐重壓型機來壓過砂／石混合物就是必要步驟，但我們只利用這個通道步行或停單車，所以我只噴了點水，將砂石弄平，然後邊跳著舞，邊用平頭耙耙順通道。我敢打賭，這對

我們的新鄰居來說，一定是驚人的一幕。

3 **製作一個小坡**。砂／石基底壓平後，我沿著住家建築增建部分排了三排水泥磚。（原本只在門前有一小塊架子大小的東西。）這些磚頭就簡單排在一起，中間的縫隙刷上防雜草膠砂，然後用水沖去多餘部分。

4 **攤放碎石**。為了要鋪蓋住通道和水泥磚塊周圍的地區，我鋪了一層3公分厚的海卵石。我喜歡圓形柔軟的卵石放在粗糙方形的水泥坡旁的對比感。

5 **添點顏色**。這個計畫最後一個畫龍點睛的招數，在於把門漆上我最愛的綠色（想有類似效果，請試試Benjamin Moore的Seaweed），然後加一張門墊。

最後的結果和我希望的一樣；乾淨簡潔，隨時準備好迎接客人。我愛極了。

242

為大門貼花

COST	花費：	$
WORK	難度：	不流汗
TIME	耗時：	一小時

■ ■ ■ 貼花不是只能用在室內牆；這個很棒的方式，也能增添房子門面賣相，得到鄰居讚賞。

1　上網找一張你喜愛的**膠模壁貼**。（我們的壁貼是用「address decal」為關鍵字，上Etsy搜尋到的。）

2　找到門片的中心處，小心貼上壁貼，確保壁貼保持置中水平。（用**水平儀**和**碼尺**或**直尺**來檢測，可省下很大力氣。）

3　按照使用說明貼上壁貼。我們買的這款只要在門上磨擦，然後再撕去背紙即可。

4　開心地接受鄰居的讚美吧。

243

增添窗檻花箱

■ ■ ■ 窗檻花箱能夠為平凡無奇的外牆（窗戶上或門廊欄杆上）帶來迷人魅力，裡頭種滿色彩繽紛的花朵，讓房子的外觀提升好幾倍。只要按照購買時附的指示，就能把窗檻花箱掛上去（不同種類的掛法不同）。你可以在許多大型花店，以及專門的園藝用品店、網路和庭院大拍賣上，買到窗檻花箱。

所以我們一起來到這裡,這本書的結局。想像我們站在碼頭上,邊哭邊揮著手,目送你們的船航向夕陽,而你準備開始你自己的居家改造旅程。儘管本書到此已告一段落,但是這只是你居家改造冒險的開始。

居家改造最棒的一件事就在於,這永遠是一個未完結的計畫,你可以一直重新想像,重新發明不同事物,以配合你不斷改變的品味和需求。只要記住,居家裝飾不是衝刺賽。所以不要急,試著放輕鬆,享受整個過程。我們的咒語是「一次一個計畫」(另一個替代的咒語是「whoa, Nellie」),所以我們一直記得,要慢慢進行,過程中不要太累太沉重。

向我們保證,你絕不會滿意於自己並沒那麼愛的事物。特別是當你已經拿起油漆刷或鐵鎚,準備要把物件變得更符合你的需求、更實用,甚或是更美觀之時。我們也向你保證,等你把一件事物變得更好時,你一定無法想像會有多少的成就感和滿足感,就算你只是做了一些最便宜、最簡單的改變也一樣。所以,無論你是打磨、上底漆、上油漆、掛畫框、敲鐵鎚、重新排列、縫縫補補,心情是擔憂、開心、哭泣,還是做白日夢,一切到最後都是值得的。最棒的是,你的家會變得像個家。像你一樣的家。只要享受箇中樂趣,不要停止思考「要是…」

祝大家在自己的愛窩過得幸福快樂!

再會…

請上younghouselove.com/book看更多幕後影片、照片和其他計畫細節!

物件來源出處

想知道書中的好東西出自哪裡？我們匯整了書中幾乎所有照片中物件的出處。它是按照每則居家裝潢創意的編號來整理的，如果你找不到特定物件，請查p.334（或上younghouselove.com/book for updates查詢）。

自序

起居室，改造後

Curtains, armchair, frame over fireplace, faux sheepskin rug on sofa, cork planter: Ikea (ikea.com); art: homemade; desk: West Elm (westelm.com); lampshade on fan, frames in grid, ottomans, slipper chair, side table, media console, TV, white horse head, green tray: Target (target.com); mirror, green and yellow bowls, capiz storage box: HomeGoods (homegoods.com); sofa, area rug, decorative horns: Pottery Barn (potterybarn.com); green pillows: Marshalls (marshallsonline.com); floor lamp: Lowe's (lowes.com); iron bull head: flea market; glass hurricane lantern: Linens N Things (lnt.com); fireplace screen: yard sale; faux flower: eBay (ebay.com); faux topiary: Crate & Barrel (crateandbarrel.com); floor: Lumber Liquidators (lumberliquidators.com); side walls color (Wishes) and fireplace wall color (Water Chestnut) by Glidden (glidden.com)

廚房，改造後

KraftMaid cabinets, Stonemark Granite counters, Arietta range hood: Home Depot (homedepot.com); Frigidaire appliances: Lowe's (lowes.com); rug: The Company Store (thecompanystore.com); Price Pfister faucet: eBay (ebay.com); pendant: West Elm (westelm.com); cutting board: Marshalls (marshallsonline.com); clamshell fruit bowl: Z Gallerie (zgallerie.com); floor: Lumber Liquidators (lumberliquidators.com); wall color: Gentle Tide by Glidden (glidden.com)

客廳，改造後

Sofa, sofa pillows: Rowe (rowefurniture.com); table lamps: Linens N Things (lnt.com); wood blinds: Walmart (walmart.com); curtains, frames, dandelion art: Ikea (ikea.com); other art: homemade; slipper chair: Target (target.com); pillow on slipper chair: Crate & Barrel (crateandbarrel.com); area rug: Pottery Barn (potterybarn.com); coffee table: thrift store; shell ball: Kohl's (kohls.com); oversized glass vases: Z Gallerie (zgallerie.com); antler candlestick: West Elm (westelm.com); concrete greyhound: Great Big Greenhouse (greatbiggreenhouse.com); wall color: Sand White by Glidden (glidden.com)

前言

客廳，現在

Sofa, frames, curtains: Ikea (ikea.com); mirror, ottoman, Safavieh rug, desk chair: Joss & Main (jossandmain.com); art: Sherri Conley (etsy.com/shop/SherriConley); pillows: Target (target.com), Ikea (ikea.com), Etsy (etsy.com), Bed Bath & Beyond (bedbathandbeyond.com), and homemade; console table: homemade; lamps behind sofa: Marshalls (marshallsonline.com); garden stool, blue and green lanterns on desk: HomeGoods (homegoods.com); desk: West Elm (westelm.com); lamp on desk, ottoman under desk, media console, TV: Target (target.com); wall color (Moonshine) and beam color (Shaker Gray) by Benjamin Moore (benjaminmoore.com)

辦公室，現在

Chandelier: unknown (came with house); chandelier paint (Indigo by Valspar): Lowe's (lowes.com); shade for chandelier: The Decorating Outlet (shadesoflight.com/SOL_Retail.php?SOL_Store=OUT); frames: Ikea (ikea.com) and Target (target.com); octopus art: A Vintage Poster (avintageposter.com); map art: Studio Savvy (studiosavvydesign.com); chairs: thrift store with Ivy Leaf spray paint by Krylon (krylon.com) and Robert Allen Khanjali Peacock fabric from U-Fab (ufabstore.com); desk cabinets: thrift store; desk top: homemade with wood from Home Depot (homedepot.com); desk lamps, green artichoke vase: HomeGoods (homegoods.com); basket, armchair, round ottoman: Target (target.com); rug: Joss & Main (jossandmain.com); wall color (Moonshine with half-tint paint for stencil) and accent color (Sesame) by Benjamin Moore (benjaminmoore.com); stencil: Royal Design Studio (royaldesignstudio.com); crochet cacti: Lazymuse Productions (lazymuse.etsy.com)

廚房，現在

Backsplash tile (Penny Round Moss): The Tile Shop (thetileshop.com); shelves: homemade with wood and brackets from Home Depot (homedepot.com); bowls, plates, and accessories: various sources; clamshell fruit bowl: Z Gallerie (zgallerie.com); teakettle: KitchenAid (kitchenaid.com); Frigidaire appliances: Lowe's (lowes.com); cabinets: Quaker Maid (quakermaid.com); cabinet paint (Cloud Cover) and wall color (Sesame) by Benjamin Moore (benjaminmoore.com); counters: Glacier White by Corian (dupont.com); pendants: Shades of Light (shadesoflight.com); bar stools: School Outfitters (schooloutfitters.com); bar stool paint:

Tropical Oasis by Valspar (valsparpaint.com); art print: Samantha French (samanthafrench.com); yellow vase, yellow bowls: HomeGoods (homegoods.com); rug: Urban Outfitters (urbanoutfitters.com); cork flooring: Lumber Liquidators (lumberliquidators.com)

洗衣間，現在
Clothespin pendant light, shelves: homemade; knobs on cabinet doors: Hobby Lobby (hobbylobby.com); washer and dryer: Whirlpool via Lowe's (lowes.com); planter and shoe cabinets: Ikea (ikea.com); pink vase: Target (target.com); bee hook: thrift store; picture frame: Pottery Barn (potterybarn.com); baskets: Michaels (michaels.com); cork flooring: Lumber Liquidators (lumberliquidators.com); wall color: Sesame by Benjamin Moore (benjaminmoore.com)

01 客廳改造創意

001　假裝書櫃背板黏了壁紙
Wrapping paper: The Gift Wrap Company (giftwrapcompany.com) via Mongrel (mongrelonline
.com); silver plate: Crate & Barrel (crateandbarrel.com); coral: eBay (ebay.com); blue fish: Target (target.com); frame: Ikea (ikea.com); butterfly art, fabric box: homemade using Mingei fabric by Premier Prints (premierprintsfabric.com); ceramic octopus: Plasticland (shopplasticland.com); vase: Target (target.com); hurricane lantern: HomeGoods (homegoods.com); ceramic rhino: Z Gallerie (zgallerie
.com); shell ball: Kohl's (kohls.com); gold box: West Elm (westelm.com); bookcase shelves color: Dove White by Benjamin Moore (benjaminmoore.com)

002　壓印黃麻或亞麻地毯
Runner: Ikea (ikea.com); stencil: Royal Design Studio (royaldesignstudio.com); Jessica Simpson red shoes: Dillard's (dillards.com); paint for stencil: Vintage Vogue by Benjamin Moore (benjaminmoore.com)

003　讓房間充滿各種質感
Curtains: Ikea (ikea.com); art: homemade; chair, floor lamp, pouf: Joss & Main (jossandmain.com); throw pillow, woven basket: Target (target.com); throw: HomeGoods (homegoods.com); drinking glass: World Market (worldmarket.com); coaster: Anthropologie (anthropologie.com); rug: Pottery Barn (potterybarn.com); wall color (Carolina Inn Club Aqua by Valspar): Lowe's (lowes.com)

005　用黑板漆改造吧台推車

Bar cart: thrift store; chalk paint: Chalkboard by Krylon (krylon.com); green bowl: HomeGoods (homegoods.com); Core Bamboo blue bowl, green tray: Joss & Main (jossandmain.com); wineglasses, napkin: Crate & Barrel (crateandbarrel.com); wine opener: Bed Bath & Beyond (bedbathandbeyond.com); curtains: homemade with Robert Allen Khanjali Peacock fabric from U-Fab (ufabstore.com); wall color (Moonshine) and paint for bar cart (Dragonfly) by Benjamin Moore (benjaminmoore.com)

006　讓挑高天花板變低，營造舒適感（而且方便油漆）
Frames: Target (target.com) and Ikea (ikea.com); U.S. map: eBay (ebay.com); table lamp, green bowl, solid-colored pillows: HomeGoods (homegoods.com); duvet cover used as tablecloth: Designers Guild (designersguild.com); drinking glass: World Market (worldmarket.com); daybed, green zebra pillow: West Elm (westelm.com); blue and white pillow: Surya (surya.com); bedsheet: Target (target.com); wall color: Quiet Moments by Benjamin Moore (benjaminmoore.com)

009　製作簡單的免縫窗簾
Curtain fabric (Gazebo Cloud by Braemore): U-Fab (ufabstore.com); HeatnBond no-sew hem tape: Michaels (michaels.com); frames: Ikea (ikea.com); Richmond city map: eBay (ebay.com); monogram art:
homemade; faux topiary: Crate & Barrel (crateandbarrel
.com); side table, Jill Rosenwald decorative tray, Safavieh rug: Joss & Main (jossandmain.com); wall colors: Moonshine and Shaker Gray by Benjamin Moore (benjaminmoore.com)

010　IKEA茶几三變
一張茶几變身層架：Shelf, vases, file cabinet: Ikea (ikea.com); ceramic bird: yard sale; woven ball: Target (target.com); postcards, wood printing blocks, globe: thrift store; numbered ceramic balls: Pier 1 Imports (pier1.com); bowls, ceramic pears: HomeGoods (homegoods.com); wall color above chair rail (Moonshine, with half-tint paint for stencil), and accent color (Sesame) by Benjamin Moore (benjaminmoore.com); stencil: Royal Design Studio (royaldesignstudio.com)

兩張茶几變成床頭板：Headboard, curtains, bedding: Ikea (ikea.com); throw pillow, wall mirror, red box: Target (target.com); table lamp: HomeGoods (homegoods.com); side table: yard sale; wall color (Plumage by Martha Stewart): Home Depot (homedepot.com)

三張茶几變身方形書架：Bookcase, curtains: Ikea (ikea.com); rhino trophy, rhino figure: Cardboard Safari (cardboardsafari.com); wooden cactus: Plan Toys (plantoys.com); radio: Tivoli Audio (tivoliaudio.com); black lacquered box, yellow artichoke vase: HomeGoods (homegoods.com); metal file box: thrift store; wall color: Moonshine by Benjamin Moore (benjaminmoore.com)

015 一張沙發三種變化
Sofa: Crate & Barrel (crateandbarrel.com); frames: Ikea (ikea.com); art: Sherri Conley (etsy.com/shop/SherriConley); rug: World Market (worldmarket.com)

藍色版本：Solid blue pillow, floral pillow, striped pillow, throw: Pier 1 Imports (pier1.com)

紅色版本：Pillows (second from left, far right): Dermond Peterson (dermondpeterson.com); all other pillows: Target (target.com); red throw: The Company Store (thecompanystore.com)

黃色版本：Yellow pillows: Target (target.com); long patterned pillow: HomeGoods (homegoods.com)

020 裝飾二手店買的鏡子
Spray paint: Aubergine by Rust-Oleum Painter's Touch (rustoleum.com); gray vase, scallop bowl: Target (target.com); wall color: Moonshine by Benjamin Moore (benjaminmoore.com)

021 重漆木質家具
Table: thrift store; stain: Dark Walnut by Minwax (minwax.com); glass cloche: yard sale; faux potted plant: Ikea (ikea.com); bowls: Linens N Things (lnt.com); wall color: Dove White by Benjamin Moore (benjaminmoore.com)

023 幫便宜的紙燈籠上色
Paper lantern: World Market (worldmarket.com); paint (Viridian Hue by Reeves): Main Art Supply (mainartsupply.com); shelves: homemade; wall color: Proposal by Benjamin Moore (benjaminmoore.com)

024 試試壁紙
Wallpaper: Darcy by Graham & Brown (grahambrown.com); dog bookends: Z Gallerie (zgallerie.com); small plate: West Elm (westelm.com); console table, storage box, faux succulents: Target (target.com); console knobs: Anthropologie (anthropologie.com)

025 混搭五金拋光漆
Wall mirror: Hobby Lobby (hobbylobby.com); desk lamp: Marshalls (marshallsonline.com); desk: West Elm (westelm.com); Safavieh chair: Joss & Main (jossandmain.com); green vase: Crate & Barrel (crateandbarrel.com); bronze pig, bronze urchin: HomeGoods (homegoods.com); silver tray: thrift store; wall color: Moonshine by Benjamin Moore (benjaminmoore.com)

028 在牆上拼貼展示
Vintage postcards: eBay (ebay.com); blue vases: Z Gallerie (zgallerie.com); plates: thrift store; ceramic octopus: Plasticland (shopplasticland.com); side table: Joss & Main (jossandmain.com); wall color: Moonshine by Benjamin Moore (benjaminmoore.com)

029 用油漆在鑲板門上增添細節
Dark accent paint (Silhouette) and light accent paint (Moonshine) by Benjamin Moore (benjaminmoore.com); bedding, faux sheepskin rug: Ikea (ikea.com); throw pillow: Target (target.com); wall color (Carolina Inn Club Aqua by Valspar): Lowe's (lowes.com)

030 讓層架變成亮點
Shelf, silver vase: Target (target.com); painter's tape to make stripes: FrogTape (frogtape.com); faux flower: eBay (ebay.com); bird photo clip: HomeGoods (homegoods.com); wall color (Sunburst) and paint for stripes (Silhouette) by Benjamin Moore (benjaminmoore.com)

033 製作漂流木風細枝鏡
Mirror: thrift store; twigs: found outside; adhesive: Home Depot (homedepot.com); spray paint for mirror: Fossil by Rust-Oleum Painter's Touch (rustoleum.com); faux topiary: Crate & Barrel (crateandbarrel.com); blue vase: Pier 1 Imports (pier1.com); faux starfish: Kohl's (kohls.com); black lacquered box: HomeGoods (homegoods.com); bar cart: see page 324, Make Over a Bar Cart with Chalkboard Paint; wall color: Moonshine by Benjamin Moore (benjaminmoore.com)

034 在天花板貼上立體紋路壁紙，製造壓花錫片天花板的效果
Wallpaper: Small Squares Paintable Wallpaper by Graham & Brown (grahambrown.com); shell ball: Kohl's (kohls.com); glass vase: Michaels (michaels.com); fabric container: homemade using Mingei fabric by Premier Prints (premierprintsfabric.com); ceramic horse: Target (target.com); wallpaper paint color (Quiet Moments), wall color (Moonshine), and bookcase colors (Dove White on shelves and Dragonfly on back) by Benjamin Moore (benjaminmoore.com)

035　到庭院用品區購物
Planter: HomeGoods (homegoods.com);
wrapping paper: Target (target.com) and Mongrel
(mongrelonline.com)

02 廚房和餐廳改造創意

038　三個防濺板DIY裝飾法
Counter: Glacier White by Corian (dupont.com);
cabinet paint: Cloud Cover by Benjamin Moore
(benjaminmoore.com)

天花板瓷磚：Tin panels: Home Depot (homedepot.
com); orange container: Pier 1 Imports (pier1.
com);
glass canister: West Elm (westelm.com); white
bowl: Bed Bath & Beyond (bedbathandbeyond
.com)

牆面裝飾板：Beadboard panels: Home Depot
(homedepot.com); yellow canister: Pier 1 Imports
(pier1.com); vase, cutting board: HomeGoods
(homegoods.com)

畫框：Fabric (Iman Zahra Leaf Luna): U-Fab
(ufabstore.com); frames: Ikea (ikea.com); Core
Bamboo bowls: Joss & Main (jossandmain.com);
plates: Linens N Things (lnt.com); flatware: Crate &
Barrel (crateandbarrel.com)

039　為廚房製作香草盆
Decorative tape, terra-cotta pots: Michaels
(michaels.com); counters: Glacier White by Corian
(dupont.com); wall color: Sesame by Benjamin
Moore (benjaminmoore.com)

040　水果籃的五種選擇
Wire basket and cake stand: thrift store; wood
bowl, metal hex basket: Target (target.com); faux
clamshell: Z Gallerie (zgallerie.com)

041　三種餐桌擺設法
彩色：Tall drinking glass: Ikea (ikea.com);
wineglass: Joss & Main (jossandmain.com); plate,
napkin: Target (target.com); bowl: HomeGoods
(homegoods.com)

時髦：Blue drinking glass: Joss & Main
(jossandmain.com); bowl, plate: Linens N Things
(lnt.com); napkin: Target (target.com)

自然：Woven drinking glass: Sur La Table
(surlatable.com); plate: Linens N Things (lnt.com);
napkin, bowl: Target (target.com); bee candy
container, flatware: thrift store

048　裝上一盞老舊銅吊燈
Chandelier: thrift store; spray paint: Gloss Purple
by Rust-Oleum Painter's Touch (rustoleum.com)

049　刀具儲藏方式
Glass container: Ikea (ikea.com); knives: Bed
Bath & Beyond (bedbathandbeyond.com);
backsplash tile (Penny Round Moss): The Tile Shop
(thetileshop
.com); shelves: homemade with wood and
brackets from Home Depot (homedepot.com);
counters: Glacier White by Corian (dupont.com)

050　移去一些壁櫃
Art by Emerald Grippa: Quirk Gallery (quirkgallery
.com); bowl: Target (target.com); ceramic apple:
thrift store; radio: Tivoli Audio (tivoliaudio.com);
drinking glass: Ikea (ikea.com); counter: Glacier
White by Corian (dupont.com); cabinet hardware:
Amerock (amerock.com); cabinet paint (Cloud
Cover) and wall color (Sesame) by Benjamin
Moore (benjaminmoore.com)

051　幫餐櫃製作蝕刻玻璃罐
Glass containers: Target (target.com); etching
cream: Michaels (michaels.com); Avery white
sticker paper: Office Depot (officedepot.
com); wall color: Moonshine by Benjamin Moore
(benjaminmoore.com)

054　重新幫餐椅繃布
Chair: thrift store; fabric (West Elm Ikat Ogee):
U-Fab (ufabstore.com); red lantern: Ikea (ikea.
com); candle: Target (target.com); rug: The
Company Store (thecompanystore.com);
wall color: Moonshine by Benjamin Moore
(benjaminmoore.com)

055　為廚房製作奇妙的展示盒藝術
Frame: Ikea (ikea.com); white and yellow
cups: thrift store; ceramic pear: HomeGoods
(homegoods.com); bowls: Target (target.com);
backsplash tile (Penny Round Moss): The Tile Shop
(thetileshop.com); shelves: homemade with wood
and brackets from Home Depot (homedepot.com)

057　幫花瓶找乾燥花以外的填充物
Glass hurricane lantern: HomeGoods (homegoods
.com); pillar candle: Target (target.com)

058　幫桌旗噴漆印花
White runner: Pottery Barn (potterybarn
.com); lace for stencil, vase, napkins, flatware: thrift
store; fabric spray paint (Copper by Stencil Spray):
Jo-Ann Fabric and Craft Stores (joann.com);

woven drinking glasses: HomeGoods (homegoods.com); plates: Linens N Things (lnt.com); table, chairs: Pier 1 Imports (pier1.com); wall color: Moonshine by Benjamin Moore (benjaminmoore.com)

060　製作樹枝燭台
Branch: found outside; glass votive holders, runner: Target (target.com); votive candles, plates, wineglasses, table, chair: Pier 1 Imports (pier1.com); flatware: thrift store

03　臥室改造創意

061　製作繃布床頭板
Fabric (Modernista Citrine): U-Fab (ufabstore.com); batting, frame: Michaels (michaels.com); bedding: Ikea (ikea.com); throw pillow: Target (target.com);
table lamp: HomeGoods (homegoods.com); side table: homemade; wall color: White Dove by Benjamin Moore (benjaminmoore.com)

062　一床三風格
Headboard, bed skirt: Target (target.com).

奢華棕色寢具：Target (target.com); white bedding: Ikea (ikea.com); lumbar pillow, yellow throw blanket, ceramic garden stool: HomeGoods (homegoods.com)

活潑：Pillow shams: Pottery Barn (potterybarn.com); lumbar pillow, yellow artichoke vase: HomeGoods (homegoods.com); white bedding: Ikea (ikea.com); yellow sheets: Garnet Hill (garnethill.com); side table: Target (target.com)

沉穩：Throw pillows: Joss & Main (jossandmain.com); blanket, white bedding: Ikea (ikea.com); concrete whippet statue: Great Big Greenhouse (greatbiggreenhouse.com); faux antlers by The New Woodsman: Quirk Gallery (quirkgallery.com); wall colors Moonshine by Benjamin Moore (benjaminmoore.com)

.065　徒手壓印羽絨被
Paint for headboard (Hale Navy) and wall color (Dove White) by Benjamin Moore (benjaminmoore.com); green pillows: HomeGoods (homegoods.com); white duvet cover: Garnet Hill (garnethill.com); stencil, fabric paint for duvet (Met Olive Green from Lumiere by Jacquard): Jo-Ann Fabric and Craft Stores (joann.com); foam brush: Michaels (michaels.com); floor lamp: Joss & Main (jossandmain.com)

070　抽屜底部貼上圖案紙
Dresser: thrift store; gift wrap: The Gents and Fox paper, both by Nineteen Seventy Three (nineteenseventythree.com) via Mongrel (mongrelonline.com); egg crate: Crate and Barrel (crateandbarrel.com).

072　床邊桌三變
Nightstand: Target (target.com)

木頭床邊桌：Metal pull: Liberty Hardware (libertyhardware.com); roll of cork: Jo-Ann Fabric and Craft Stores (joann.com); casters: Home Depot (homedepot.com); cork planter: Ikea (ikea.com); metal coin bank: West Elm (westelm.com)

白色床邊桌：Spray paint: White by Rust-Oleum Universal (rustoleum.com); antler candleholder: West Elm (westelm.com); glass cloche: yard sale; faux potted plant: Ikea (ikea.com); wood tray: Core Bamboo (corebamboo.com) via Joss & Main (jossandmain.com); green bowl, capiz box: HomeGoods (homegoods.com)

藍色床邊桌：Spray paint: Lagoon by Rust-Oleum Painter's Touch (rustoleum.com); decorative knob, bowl: Anthropologie (anthropologie.com); ceramic pig speaker: West Elm (westelm.com); drinking glass: World Market (worldmarket.com); coaster: Jonathan Adler (jonathanadler.com); red throw: HomeGoods (homegoods.com)

073　製作風化木床頭板
Wood: Home Depot (homedepot.com); stain: Dark Walnut by Minwax (minwax.com); yellow pillow shams, white duvet: Garnet Hill (garnethill.com); stuffed giraffe: Jellycat (jellycat.com); wall color (Moonshine) and beam color (Shaker Gray) by Benjamin Moore (benjaminmoore.com); for mirror, see below, Make a Spiky Branch Mirror

074　製作尖樹枝鏡
Branch wreath: Michaels (michaels.com); round mirror: Jo-Ann Fabric and Craft Stores (joann.com); yellow spray paint: Sun Yellow by Rust-Oleum Painter's Touch (rustoleum.com)

075　製作有趣的雲朵層架
Shelves, crayon holder, faux succulent: Target (target.com); sock monkey: Pier 1 Imports (pier1.com); toy animals: Hobby Lobby (hobbylobby.com); faux butterfly art: flea market; fabric letter: Beyond the Seam on Etsy (etsy.com/shop/BeyondTheSeam); wooden blocks: homemade gift; wall color (Moroccan Spice) and paint for clouds (Decorators White) by Benjamin Moore (benjaminmoore.com)

Frame: Ikea (ikea.com); canvases: Jo-Ann Fabric and Craft Stores (joann.com)

Wood: Home Depot (homedepot.com); frames: Target (target.com); decorative paper: Michaels (michaels.com); vase: Ikea (ikea.com); wall color (Decatur Buff) and paint for shelf (Decorators White) by Benjamin Moore (benjaminmoore.com)

Frame: Ikea (ikea.com); art print: A Vintage Poster (avintageposter.com); wall color (Moonshine, with half-tint paint for stencil), accent color (Sesame), and paint for frame (Berry Fizz) by Benjamin Moore (benjaminmoore.com); stencil: Royal Design Studio (royaldesignstudio.com)

Canvas, tissue paper, Mod Podge: Michaels (michaels.com); wall color (Moonshine) and paint for art (Bunker Hill Green) by Benjamin Moore (benjaminmoore.com)

Fabric for canvas: Jo-Ann Fabric and Craft Stores (joann.com); canvas: Michaels (michaels.com); fabric in frame: coral fabric by Preprints via U-Fab (ufabstore.com); frame: Ikea (ikea.com); lamps, console table: Target (target.com); faux coral: Kohl's (kohls.com); console knobs: Anthropologie (anthropologie.com); ottoman: T.J. Maxx (tjmaxx .com); wall color: Moonshine by Benjamin Moore (benjaminmoore.com)

Book: already owned; pins: Jo-Ann Fabric and Craft Stores (joann.com); mirror: yard sale; wall color: Sesame by Benjamin Moore (benjaminmoore.com)

See Frame Wallpaper Samples, at right

Corbel: Caravati's Inc. Architectural Salvage (caravatis.com); white vase: Ikea (ikea.com); black chalkboard vase: see page 330, Make Chalkboard Bottle Vases; wall color: Moonshine by Benjamin Moore (benjaminmoore.com)

Sconce: thrift store; spray paint: Raspberry Gloss by Krylon (krylon.com); candle: Target (target. com);
wall color: Moonshine by Benjamin Moore (benjaminmoore.com)

Ceramic birds: yard sale

Wood: Home Depot (homedepot.com); Avery white sticker paper: Office Depot (officedepot. com); stain: Dark Walnut by Minwax (minwax. com); faux coral: Kohl's (kohls.com); bowls: Joss & Main (jossandmain .com); wall color (Moonshine) and paint for art (Berry Fizz) by Benjamin Moore (benjaminmoore. com)

Frame: Ikea (ikea.com); wall color: Moonshine by Benjamin Moore (benjaminmoore.com)

Wood frame, black frame: thrift store; white frame: Ikea (ikea.com); green frame: Target (target.com); spray paint: Navy Blue Gloss by Rust-Oleum Painter's Touch (rustoleum.com)

Canvas, tissue paper, Mod Podge, foam brush: Michaels (michaels.com); ceramic bird: yard sale; blue lantern: HomeGoods (homegoods.com); wall color: Moonshine by Benjamin Moore (benjaminmoore.com)

Wood: Home Depot (homedepot.com); stain: Dark Walnut by Minwax (minwax.com); gold poster board: Michaels (michaels.com); oversized glass vase: Z Gallerie (zgallerie.com); quail statue: thrift store; cork planter: Ikea (ikea.com); dresser: see page 333, Paint a Gradient; wall color (Carolina Inn Club Aqua by Valspar): Lowe's (lowes.com)

Shoes: Target (target.com); spray paint: Oil Rubbed Bronze by Rust-Oleum Universal (rustoleum.com); fabric: Jo-Ann Fabric and Craft Stores (joann.com); frames: Target (target.com) and Ikea (ikea.com); *Clara Kenley* art: Numsi (numsi.com); other art: homemade; wall color: Proposal by Benjamin Moore (benjaminmoore. com)

Kids' paint, craft paintbrushes: Michaels (michaels .com); table: homemade from old door

Frames: Ikea (ikea.com); wallpaper sample: Starglint by Josh Minnie via Walnut Wallpaper (walnutwallpaper

.com); sunset print: personal photo; frosting film: Home Depot (homedepot.com); wall color: Sesame by Benjamin Moore (benjaminmoore.com)

155 製作簡單剪影圖
Frames: Ikea (ikea.com); America Retold ceramic pig hook: Mongrel (mongrelonline.com); Richmond city map: eBay (ebay.com); wall color: Moonshine by Benjamin Moore (benjaminmoore.com)

156 製作指紋藝術
Frames (on top and bottom left): Target (target.com);
frames (on top and bottom right): Ikea (ikea.com); stamps: Packard's Rock Shop (804-794-5538); alphabet stamps for labeling botanicals, ink pad for fingerprints: Michaels (michaels.com); wall color (Plumage by Martha Stewart): Home Depot (homedepot.com)

07 家飾改造創意

P.215 書櫃
Ceramic horse: Target (target.com); fabric container: homemade using Mingei fabric by Premier Prints (premierprintsfabric.com); faux butterfly art: homemade in Ikea frame (ikea.com); white shell, ceramic bird: thrift store; silver wrapped box: homemade; glass hurricane vase: HomeGoods (homegoods.com), ceramic rhino: Z Gallerie (zgallerie.com); bookcase colors (Dove White on shelves and Dragonfly on back) by Benjamin Moore (benjaminmoore.com)

160 增添些紅色
Pillow cover: Ikea (ikea.com); fabric spray paint: Brite Yellow by Simply Spray via Jo-Ann Fabric and Craft Stores (joann.com); stencil: leaves from yard; chair: Target (target.com); wall color: Moonshine by Benjamin Moore (benjaminmoore.com)

162 用抱枕玩搶椅子遊戲
Pillows (from top to bottom): West Elm (westelm.com), Surya (surya.com), HomeGoods (homegoods.com), West Elm (westelm.com); chair: thrift store; wall color: Moroccan Spice by Benjamin Moore (benjaminmoore.com)

165 製作黑板花瓶
Bottles: recycled wine and sparkling water bottles; chalk paint: Chalkboard by Krylon (krylon.com); wall color: Moonshine by Benjamin Moore (benjaminmoore.com)

167 改造花環
Wreath: thrift store; spray paint: White by Rust-Oleum Universal (rustoleum.com); ribbon: Michaels (michaels.com); curtains: homemade with Robert Allen Khanjali Peacock fabric from U-Fab (ufabstore.com)

168 讓舊杯墊升級
Decorative paper: Michaels (michaels.com); coasters: thrift store; drinking glass: World Market (worldmarket.com)

169 把戶外風情帶入室內
Oversized glass vase: Z Gallerie (zgallerie.com)

171 在桌面墊一塊漂亮裝飾織品
Desk: West Elm (westelm.com); fabric: Undulating Bud by Robert Allen via U-Fab (ufabstore.com); mirror: Joss & Main (jossandmain.com); table lamp, hurricane lantern, pillar candle: Target (target.com); jar candle: Pure Light Candles (804-934-9171); bronze pineapple vase: thrift store; chair: eBay (ebay.com); wall color: Moonshine by Benjamin Moore (benjaminmoore.com)

173 不用油漆整面牆，就能為空間增添大膽色彩
Painting: Lindsay Cowles (lindsaycowlesart.blogspot.com); chair: Target (target.com); pillow: Dermond Peterson (dermondpeterson.com); table lamp: Linens N Things (lnt.com); side table: thrift store; cork planter: Ikea (ikea.com); bowls: HomeGoods (homegoods.com); rug: Pottery Barn (potterybarn.com), drinking glass: World Market (worldmarket.com); wall color: White Dove by Benjamin Moore (benjaminmoore.com)

174 在用不到的壁爐裡放些東西
See page 332, Paint a Brick Fireplace

175 添加一絲詭異感
Wood bird: Anthropologie (anthropologie.com); bowl: Target (target.com)

177 用書頁製作吊燈
Lampshade, book for pages, fabric in frame: thrift store; frame: Ikea (ikea.com); coaster: Jonathan Adler (jonathanadler.com); wall color: Taupe Fedora by Benjamin Moore (benjaminmoore.com)

178 幫枕套染色，製造夢幻迷濛感
Pillow cover, couch: Ikea (ikea.com); dye (Jeans Blue by Dylon): Jo-Ann Fabric and Craft Stores

(joann.com); desk (in background): West Elm (westelm.com); solid blue pillow, decorative lanterns: HomeGoods (homegoods.com); wall color: Moonshine by Benjamin Moore (benjaminmoore.com)

179 製作回收玻璃罐書擋
Jars: recycled pasta sauce containers; spray paint: Brass by Krylon Metallic (krylon.com); bookcase: Target (target.com); wall color (Moonshine) by Benjamin Moore (benjaminmoore.com)

181 用墊圈讓鏡子升級
Mirror: thrift store; washers, construction adhesive: Home Depot (homedepot.com); spray paint for mirror: White by Rust-Oleum Universal (rustoleum. com); wall color (Carolina Inn Club Aqua by Valspar): Lowe's (lowes.com)

182 裝上新燈罩／183 幫舊陶瓷燈的底座上漆 ／184 幫燈罩上漆／185 在陶瓷燈座上畫圖 ／186 用緞帶幫燈罩加上飾邊
Lamps from left to right:

Fabric for lampshade: Jo-Ann Fabric and Craft Stores (joann.com); lamp base: Linens N Things (lnt.com)

Lamp: Target (target.com); paint for base: Hibiscus by Benjamin Moore (benjaminmoore.com)

Lamp: HomeGoods (homegoods.com); paint for shade: Taupe Fedora (bottom) and Decorators White (top) by Benjamin Moore (benjaminmoore. com)

Lamp: Target (target.com); paint marker: Sharpie (sharpie.com)

Lamp: HomeGoods (homegoods.com)

Wall color: Moonshine by Benjamin Moore (benjaminmoore.com)

187 幫玻璃燈座鍍金漆
Lamp: HomeGoods (homegoods.com); dresser: see page 333, Paint a Gradient.

188 換掉一兩個門把
Doorknob: Anthropologie (anthropologie.com); frames: Ikea (ikea.com); Safavieh chair: Joss & Main (jossandmain.com); pillow: Marshalls (marshallsonline.com); faux topiary: Crate & Barrel (crateandbarrel.com); side table: Target (target. com);
wall color: Moonshine by Benjamin Moore

(benjaminmoore.com)

191 試試彩色黑板漆
Planter: Ikea (ikea.com); paint used for DIY chalkboard paint recipe: 14 Carrots by Benjamin Moore (benjaminmoore.com); colored pencils: Target (target.com)

193 在枕頭上畫畫
Pillow cover: Ikea (ikea.com); chair: Target (target .com); bronze fruit: Pier 1 Imports (pier1.com); ceramic garden stool: HomeGoods (homegoods .com); paint (Plumage by Martha Stewart): Home Depot (homedepot.com)

194 擁抱讓你開心的事物
Canvas: Michaels (michaels.com); horseshoe: thrift store; horse bookend: thrift store; paint for bookend: Sun Yellow by Rust-Oleum Painter's Touch (rustoleum.com); chevron box: Target (target.com)

197 把物件陶瓷化
Slinky, elephant toy: Target (target.com); pineapple: thrift store

198 按季節更換家族照片
Frame: Pottery Barn (potterybarn.com); wall color: Moonshine by Benjamin Moore (benjaminmoore.com)

08 娛樂創意

201 製作個人化的座位卡
Stone: found outside; alphabet sticker: Michaels (michaels.com); napkin: Crate & Barrel (crateandbarrel.com); plate: Linens N Things (lnt.com); table: Pier 1 Imports (pier1.com)

203 製作歡樂的派對花環
上：Colorful craft paper, alphabet stickers, embroidery thread: Michaels (michaels.com)

中：Ribbon, embroidery thread: Michaels (michaels.com)

下：Colorful craft paper, embroidery thread: Michaels (michaels.com)

208 幫飲料桶印上圖案
Beverage tin: Target (target.com); lemon stencil: eBay (ebay.com); paint: Full Sun by Valspar (valspar.com); Lorina lemonade: Trader Joe's (traderjoes.com)

210　製作有趣的飲料或雞尾酒冰塊
OR COCKTAIL ICE CUBES
Drinking glasses: Ikea (ikea.com)

211　製作特殊造型的桌旗
Tissue paper: Michaels (michaels.com); cake stand: Marshalls (marshallsonline.com); cupcakes: Martin's Food Market (martinsfoods.com); woven drinking glasses, table, chairs: Pier 1 Imports (pier1.com); Core Bamboo bowls: Joss & Main (jossandmain.com); plates: Linens N Things (Lnt. com); flatware: Crate & Barrel (crateandbarrel. com)

09 油漆創意

213　克服油漆無力症
Paint can (Sunburst) and paint fan deck (Color Stories paints) by Benjamin Moore (benjaminmoore.com); stir stick, paint can opener, drop cloth: Home Depot (homedepot.com)

214　幫家具上漆
Chair: thrift store; primer (Zinsser Smart Prime): Virginia Paint Company (virginiapaintcompany. com); curtains: Ikea (ikea.com); shoes: DSW (dsw. com); wall color (Moonshine) and chair paint (Wasabi) by Benjamin Moore (benjaminmoore. com)

215　粉刷天花板
Ceiling color (Hibiscus) and paint for mirror (Decorators White) by Benjamin Moore (benjaminmoore.com); wall color (Carolina Inn Club Aqua by Valspar) and mirror: Lowe's (lowes.com); painter's tape: FrogTape (frogtape .com); ceiling fixture: unknown (came with house); white vase, light fixture (in mirror): Ikea (ikea.com); ram trophy (in mirror): T.J. Maxx (tjmaxx.com); oversized glass vase: Z Gallerie (zgallerie.com); round frame: Anthropologie (anthropologie.com); capiz box: HomeGoods (homegoods.com); soap pump: Target (target.com)

216　在牆壁上蓋印
Stencil: Royal Design Studio (royaldesignstudio. com);
wall color (Decorators White) and stencil color (Ashen Tan) by Benjamin Moore (benjaminmoore. com); dresser: hand-me-down; round frame: Anthropologie (anthropologie.com); rectangular frame, white storage box: Target (target.com);

bee candy containers, flower pot: thrift store; tray: Marshalls (marshallsonline.com)

217　在生活周遭尋找色彩靈感
Scarf: Pier 1 Imports (pier1.com)
Candles: Market Street Candles: Joss & Main (jossandmain.com)

Table setting: Plate: Linens N Things (Lnt.com); bowl: Target (target.com); cup, saucer, spoon: thrift store

218　在書桌或抽屜櫃漆上圖案
Desk: thrift store; painter's tape to make pattern: FrogTape (frogtape.com); desk lamp: Linens N Things (Lnt.com); gray foo dog, faux succulent: Target (target.com); laptop: Apple (apple.com); chair: eBay (ebay.com); wall color (Moonshine), blue paint for desk (Hale Navy), and green accent paint for desk (Martini Olive) by Benjamin Moore (benjaminmoore.com)

220　用一些自然的東西製作拓印
See page 330, Add Something Red.

221　用圖案條紋點亮白色捲簾
Roller shade: Home Depot (homedepot.com); green chair: thrift store with Ivy Leaf spray paint by Krylon (krylon.com) and Robert Allen Khanjali Peacock fabric from U-Fab (ufabstore. com); side table: yard sale; table lamp: HomeGoods (homegoods.com); yellow bowl: Anthropologie (anthropologie.com); wall color (Dove White), window trim color (Gray Horse), and paint for stripes (Citron) by Benjamin Moore (benjaminmoore.com); painter's tape to make pattern: FrogTape (frogtape.com)

223　書架背板漆成不同色調
Bookcase, picture frame, gray vases, white basket, white box: Target (target.com); yellow bowl, floral bowl: Anthropologie (anthropologie.com); ceramic frog: thrift store; ceramic flower: Marshalls (marshallsonline.com); wall color (Moonshine) and bookcase colors (top to bottom: Wasabi, Exhale, and Silhouette) by Benjamin Moore (benjaminmoore.com)

224　幫磚頭火爐上漆
Frame: Ikea (ikea.com); faux antlers: Hobby Lobby (hobbylobby.com); paint for antlers: White by Rust-Oleum Universal (rustoleum.com); yellow planter: Target (target.com); gray ottoman: Joss & Main (jossandmain.com); wall color (Gray Horse) and fireplace box color (Temptation) by Benjamin

Moore (benjaminmoore.com); fireplace color (Olympic Premium base white): Lowe's (lowes.com)

⑩ 戶外空間改造創意

好物上哪買

我們常被問到去哪找一些特定的家具和物件，便在我們的官網younghouselove.com/book為大家匯整了一大串名單。但我們也很想分享里奇蒙當地的一些愛店（為了寫這本書，很多店我們造訪了無數次），包括：U-Fab, Mongrel, Quirk Gallery, William's & Sherrill, Caravati's, Clover, Pleasant's Hardware, Love of Jesus Thrift, Diversity Thrift, the Habitat for Humanity ReStore, Consignment Connection, Class and Trash, Virginia Paint, Ruth & Ollie, The Decorating Outlet, Shades of Light, Main Art Supply, and La Difference。

我們的心頭好

雜誌

- Atomic Ranch
- Better Homes & Gardens
- Canadian House & Home
- Coastal Living
- Do It Yourself
- Domino
- Dwell
- Elle Decor
- Fresh Home
- HGTV Magazine
- House Beautiful
- Livingetc
- Martha Stewart Living
- The Nest
- Real Simple
- Southern Living

電子雜誌

- centsationalgirl.com
- highglossmagazine.com
- houseoffifty.com
- lonnymag.com
- puregreenmag.com
- ruemag.com

設計網站

- BHG.com
- doityourself.com
- floorplanner.com and google
  .com/sketchup (for making
  floor plans)
- HGTV.com
- houseandhome.com
- housetohome.co.uk/livingetc
- houzz.com
- mydeco.com, olioboard
  .com, and polyvore.com (for
  making mood boards)
- myhomeideas.com
- pinterest.com (for organizing
  inspiration)
- stylelist.com/home

居家部落格

- abchao.com
- absolutelybeautifulthings
  .blogspot.com
- alifesdesign.blogspot.com
- allthingsgd.blogspot.com
- ana-white.com
- anh-minh.com
- aninchofgray.blogspot.com
- annesage.com/blog
- apartmenttherapy.com
- aphrochic.blogspot.com
- ashleyannphotography.com/
  blog
- beachbungalow8.blogspot
  .com
- bellemaison23.com
- blackwhiteyellow.blogspot
  .com
- blog.effortless-style.com
- blog.urbangrace.com
- bowerpowerblog.com
- bromeliadliving.blogspot.com
- brooklynlimestone.com
- brynalexandra.blogspot.com
- bspokeblog.com
- bungalow23.com
- casasugar.com
- centsationalgirl.com
- chezlarsson.com
- cococozy.com
- cocokelley.blogspot.com
- copycatchic.com
- cotedetexas.com
- decor8blog.com
- designformankind.com
- design-milk.com
- designmom.com
- designspongeonline.com
- desiretoinspire.net
- doorsixteen.com
- emilyaclark.com
- 4men1lady.com
- habituallychic.blogspot.com
- hollymaus.blogspot.com
- hookedonhouses.net
- houseofturquoise.com
- housetweaking.com
- howaboutorange.blogspot.com
- isabellaandmaxrooms
  .blogspot.com
- ishandchi.blogspot.com
- isuwannee.com

- jenloveskev.com
- jennskistudio.blogspot.com
- journeysofmangonett
  .blogspot.com
- karapaslaydesigns.blogspot
  .com
- katie-d-i-d.blogspot.com
- kfddesigns.blogspot.com
- layersofmeaning.com
- littlegreennotebook.
  blogspot
  .com
- lovelylittledetails.com
- madebygirl.blogspot.com
- makingitlovely.com
- makingthishome.com
- maxxsilly.com
- mikeandmcgee.blogspot.
  com
- mrsblandings.blogspot.
  com
- mrshowardpersonalshopper
  .com
- mustardseedinteriors.com
- mysweetsavannah.blogspot
  .com
- newlyweddiaries.blogspot
  .com
- ohdeedoh.com
- ohhellofriendblog.com
- ohjoy.blogs.com
- oneprettything.com
- oneprojectcloser.com
- orangebeautiful.com/blog
- ourhumbleabowed.wordpress
  .com
- paloma81.blogspot.com
- pancakesandfrenchfries.com
- paulagracedesigns.blogspot
  .com
- pbjstories.com
- poppytalk.blogspot.com
- prettylittlethingsforhome
  .blogspot.com
- prudentbaby.com
- purestylehome.blogspot.com
- ramblingrenovators.blogspot
  .com
- remodelista.com
- restyledhome.blogspot.com
- savethedate4cupcakes.com
- 7thhouseontheleft.com
- sfgirlbybay.com
- simplifiedbee.blogspot.com

- simplygrove.com
- 6thstreetdesignschool
  .blogspot.com
- southernhospitalityblog.
  com
- stylebyemilyhenderson.
  com
- stylecarrot.com
- stylecourt.blogspot.com
- stylemepretty.com
- tenjuneblog.com
- the-brick-house.com
- thediyshowoff.blogspot.
  com
- thehappyhomeblog.com
- thehouseofsmiths.com
- theinspiredroom.net
- theletteredcottage.net
- thenester.com
- thestylishnest.com/blog
- thishomesweethome
  .blogspot.com
- thriftydecorchick.
  blogspot
  .com
- urbannestblog.com
- vivalabuenavida.
  blogspot.com
- youstirme.com
- yvestown.com

你可以上
我們的官網
（younghouselove.com）
查看更多部落格。
而且如果我們沒有
把你列入這份名單，
那是因為我們在做
最後校對時，
腦袋已成漿糊，
懇請務必一定要原諒我們，
還有好多很棒很有創意的
部落格無法一一
點名列出！

致謝

非常非常感謝Rachel Sussman、Judy Pray、Jen Renzi、Kip Dawkins、Marcie Blough、Susan Victoria、Emma Kelly、Susan Baldaserini、Ann Bramson、Trent Duffy、Molly Erman、Bridget Heiking、Sarah Hermalyn、Michelle Ishay、Sibylle Kazeroid、Allison McGeehon、Nancy Murray、Barbara Peragine、Lia Ronnen和 Kara Strubel，幫我們把一疊草稿變成一本書。我們至今仍不敢置信。當然，我們 也無比感謝我們的親友，讓我們保持理智，逗我們笑，告訴我們頭髮上沾到油漆 了（大多時候都是如此）。我們很想一一列出他們的名字，但是面對現實吧，我 們是個大家庭。一切都歸功於我們的父母，他們幫忙照顧克拉拉，當我們忙到連 自己叫什麼都不記得時，耐心提醒我們吃飯。另外，還要多謝史黛芬妮、凱特、 潔西卡、賴拉、凱文、安娜、達娜、妮可、艾比和貝妮塔，我們愛你們！謝謝你 們那些激發靈感的客座部落客創意！也謝謝貓咪們，你們一直鼓勵我們（還讓我 們笑一下，休息一會），親一個。當我們在進行計畫時，也要感謝其他所有的部 落客、設計師和激發我們每天靈感，讓我們開心到要脫褲子的那些人（當然只是 一種比喻說法啦）。然後，讓我們感性一秒鐘。謝謝我們的部落格讀者。我們親 愛的、美妙的、神奇的讀者。我們真的認為，是你們讓我們夢想成真，真的很謝 謝你們的愛、支持、讚美和鼓勵。我們非常感謝有這個機會，能夠和你們分享我 們的冒險。謝謝你們讀這本書。你們讓我們的每一天都開心無比。

圖片版權出處

以下圖片版權是按照每則居家裝潢創意的編號來整理的，你可在p.12查到更多Photo Frenzy的資料。

自序
Family portrait courtesy of Katie Bower Photography

010　IKEA茶几三變
Image of table courtesy of Ikea

014　至少買件下列經典單品（或全部都買）
Clockwise from top left: images courtesy of Joss & Main, Joss & Main, Ballard Designs, Joss & Main, Joss & Main, Joss & Main, Crate & Barrel

016　不要忘記走廊
Image courtesy of Katie Bower Photography

019　為樓梯增添情趣
Image courtesy of *Lowe's Creative Ideas for Home and Garden*

036　換掉「平淡無奇的」固定式燈具
Clockwise from top left: images courtesy of Lamps Plus, Ikea, Lamps Plus, Lamps Plus, Shades of Light

042　用新把手讓廚房舊櫥櫃煥然一新
Top row: images courtesy of Anthropologie; middle row (left to right): images courtesy of Anthropologie, Anthropolgie, MyKnobs.com, Anthropologie; bottom row (left to right): images courtesy of Liberty Hardware, Hobby Lobby, Anthropologie, Anthropologie

043　混搭桌椅
First and fourth rows: images courtesy of Z Gallerie; second and third rows: images courtesy of Ikea

044　粉刷廚房櫥櫃
Image courtesy of Benjamin Moore

046　幫中島漆上與櫥櫃不同的顏色
Image courtesy of Kohler Co.

047　拿掉櫥櫃門，製造開放感
Image courtesy of *The Lettered Cottage*

052　用經濟實惠方式讓餐櫃升級
Image courtesy of Ikea

056　不要害怕花卉
Clockwise from top left: images courtesy of Joss & Main, Z Gallerie, Joss & Main, Crate & Barrel, Z Gallerie, Z Gallerie

082　從你最喜歡的寶石尋找靈感？
Top row (left to right): images courtesy of The Container Store, Ikea, Anthropologie; middle row (left to right): images courtesy of The Container Store, Ikea, Ikea; bottom row (left to right): images courtesy of The Container Store, Ikea, Joss & Main

085　增添風格獨具的浴室儲物用品
Top row (left to right): images courtesy of Ikea, Ikea, The Container Store; bottom row: all images courtesy of Ikea

086　換掉浴室水龍頭
Image courtesy of Moen

093　增添實用又風格化的掛鉤
Top row (left to right): images courtesy of Joss & Main, Anthropologie, Anthropologie; bottom row (left to right): images courtesy of Anthropologie, Liberty Hardware, Anthropologie

095　籃子（幾乎）能解決所有問題
Top row (left to right): images courtesy of The Container Store, The Container Store, Crate & Barrel; bottom row (left to right): images courtesy of The Container Store, Crate & Barrel, Crate & Barrel

098　征服鞋堆
Image courtesy of Ballard Designs

099　整理好郵件
Images courtesy of The Container Store

101　裝飾衣櫥
Image courtesy of The Container Store

114　讓收納更有風格
Clockwise from top left: images courtesy of The Container Store, The Container Store, The Container Store, Z Gallerie, Crate & Barrel

125　幫整面牆掛滿畫框、大型黑板或一大塊軟木板
Image courtesy of *Lowe's Creative Ideas for Home and Garden*

189　舉辦抱枕交換大會
Images courtesy of Z Gallerie

231　粉刷前門
Image courtesy of Benjamin Moore

232　掛上新門牌
Image courtesy of Heath Ceramics; photography: Jeffery Cross

237　升級戶外燈
Clockwise from top left: images courtesy of Lamps Plus, Lamps Plus, Shades of Light, Lamps Plus, Lamps Plus

感謝您購買 **小家大格局！樂活空間魔法術**

為了提供您更多的讀書樂趣，請費心填妥下列資料，直接郵遞（免貼郵票），即可成為奇光的會員，享有定期書訊與優惠禮遇。

姓名：_____　身分證字號：_____

性別：□女　□男　生日：

學歷：□國中 (含以下)　□高中職　　□大專　　　□研究所以上

職業：□生產\製造　　□金融\商業　□傳播\廣告　□軍警\公務員

　　　□教育\文化　　□旅遊\運輸　□醫療\保健　□仲介\服務

　　　□學生　　　　□自由\家管　□其他

連絡地址：□□□ _____

連絡電話：公（　）_____　宅（　）_____

E-mail：_____

■您從何處得知本書訊息？（可複選）

　□書店 □書評 □報紙 □廣播 □電視 □雜誌 □共和國書訊

　□直接郵件 □全球資訊網 □親友介紹 □其他

■您通常以何種方式購書？（可複選）

　□逛書店 □郵撥 □網路 □信用卡傳真 □其他

■您的閱讀習慣：

文　學 □華文小說　□西洋文學　□日本文學　□古典　□當代

　　　　□科幻奇幻　□恐怖靈異　□歷史傳記　□推理　□言情

非文學 □生態環保　□社會科學　□自然科學　□百科　□藝術

　　　　□歷史人文　□生活風格　□民俗宗教　□哲學　□其他

■您對本書的評價（請填代號：1.非常滿意 2.滿意 3.尚可 4.待改進）

　書名___　封面設計___　版面編排___　印刷___　內容___　整體評價___

■您對本書的建議：

電子信箱：lumieres@bookrep.com.tw
傳真：02-86671065
客服電話：0800-221029
Lumières
奇光出版

廣　告　回　函
板橋郵局登記證
板橋廣字第10號
信　函

231
新北市新店區民權路108-4號8樓
奇光出版　收